Andy Schwietzer

MZ
Motorräder seit 1950

Einbandgestaltung: Andreas Pflaum

Eine Haftung des Autors oder des Verlages und seiner Beauftragten für Personen-, Sach- und Vermögensschäden ist ausgeschlossen.

ISBN 3-613-02121-8

Copyright © by Motorbuch Verlag, Postfach 103743, 70032 Stuttgart.
Ein Unternehmen der Paul Pietsch Verlage GmbH + Co.

1. Auflage 2001

Nachdruck, auch einzelner Teile, ist verboten. Das Urheberrecht und sämtliche weiteren Rechte sind dem Verlag vorbehalten. Übersetzung, Speicherung, Vervielfältigung und Verbreitung einschließlich Übernahme auf elektronische Datenträger wie CD-Rom, Bildplatte usw. sowie Einspeicherung in elektronische Medien wie Bildschirmtext, Internet usw. ist ohne vorherige schriftliche Genehmigung des Verlages unzulässig und strafbar.

Innengestaltung: Bernd Peter
Reproduktion: digi bild reinhardl, 73037 Göppingen
Druck: Henkel-Druck, 70435 Stuttgart
Bindung: Nething Buchbinderei, 73235 Weilheim/Teck
Printed in Germany

Inhalt

Einleitung	7
Anmerkungen zu den Modellreihen	8
Bezeichnung der Modelle	17
IFA RT 125	21
IFA BK 350	22
IFA RT 125/1	23
MZ RT 125/2	24
MZ ES 250	26
MZ ES 175	28
MZ BK 350	29
MZ RT 125/3	30
MZ ES 175/1	31
MZ ES 250/1	32
MZ ES 125	34
MZ ES 150	36
MZ ES 300	38
MZ ES 175/2	40
MZ ES 250/2 A	41
MZ ES 250/2	42
MZ ETS 250	44
MZ Eskort	46
MZ ETS 125	48
MZ ETS 150	49
MZ ES 125/1	50
MZ ES 150/1	51
MZ TS 250	52
MZ TS 250 A	54
MZ TS 250 Polizei	55
MZ TS 125	56
MZ TS 150	58
MZ TS 250/1	60
MZ TS 250/1 A	61
MZ ETZ 250	62
MZ ETZ 250 De Luxe	63
MZ ETZ 250 Polizei	64
MZ ETZ 250 A	65
MZ ETZ 125	66
MZ ETZ 150	67
MZ ETZ 150 De Luxe	68
MZ ETZ 251 Standard	70
MZ ETZ 251 De Luxe	71
MZ ETZ 301	72

MZ 500 R	74
MuZ ETZ 251 Tour	76
MuZ ETZ 310 Tour	77
MuZ ETZ 251 Fun	78
MuZ ETZ 301 Fun	79
MuZ 500 Tour	80
MuZ 500 Fun	81
MuZ 500 Polizei	82
MuZ 500 Country	84
MuZ 500 Silver Star	85
Kanuni-Kombassan MZ ETZ 251	86
Kanuni-Kombassan MZ ETZ 301	87
Kanuni-Kombassan MZ Sportstar 125	88
MuZ Roadstar 125	90
MuZ Sportstar 125	91
MZ-B RT 125	92
MuZ Scorpion Sport	94
MuZ Scorpion Tour	95
MuZ Scorpion Traveller	96
MuZ Scorpion Replica	97
MuZ Scorpion Cup	98
MuZ Charly	100
MuZ Mastiff	102
MuZ Bagheera/Bagheera HR	104
MZ Bagheera Street Moto/Black Panther	105
MZ Moskito	106
RT 125	108
RT 125 SX	110
RT 125 SM	111
MZ Cobra	112
MZ – Gespanne und Seitenwagen	114
IFA BK 350 SW	116
MZ ES 250 SW	117
MZ ES 300 SW	118
MZ ES 250/1 mit Lastenseitenwagen	119
MZ ES 250/2 SW	120
MZ TS 250 und TS 250/1 SW	122
MZ ETZ 250 und ETZ 251/301 SW	123
MZ 500R/Fun/Tour etc. SW	124
Kanuni-MZ ETZ 251 und ETZ 301 SW	125
MZ Voyager SW	126
MZ Silver Star	127

Betriebsanleitung und Danksagung zu diesem Buch

Die Preise beziehen sich möglichst immer auf das Jahr der Markteinführung des Fahrzeugs. Das heißt beispielsweise, dass für die Straßenmaschine RT 125, Jahrgang 2000, der 2000er Preis aufgeführt ist, während für die RT 125 SX der Preis für 2001 angegeben wird.

Die Recherche der Preise zu DDR-Zeiten war schwierig, da MZ keine Preislisten besaß und die Preise auch nicht selbst kalkulierte. Vom staatlichen IFA-Vertriebsnetz blieb kein Rechtsnachfolger, so dass es hier nicht immer möglich war, die Preise zur Markeinführung der Maschine präzise zu eruieren.

Bei dieser Gelegenheit möchte ich MZ-Mitarbeitern und -Freunden danken, ohne die ich dieses Buch kaum hätte fertigstellen können: Herrn Bodo Lingarth vom MZ-Kundendienst in Zschopau-Hohndorf für geduldige Hilfe im Gewirr der technischen Daten, Herrn Christian Steiner, Waldkirchen, der 49 Berufsjahre mit der Marke verbrachte, für Ergänzungen und Nutzung seines Fotoarchivs und meinem Freund Claus Uhlmann, Dorfchemnitz, für die Nutzung seines Fotoarchivs.

Bildnachweis: Archiv Schwietzer, Archiv Steiner, Archiv Uhlmann, Werk

Ein Blick zurück: Die MZ-Firmengeschichte

Motorräder aus der DDR

»Auferstanden aus Ruinen«- Diese Zeile aus der Nationalhymne der DDR trifft den zweimaligen Wiederbeginn 1949 und 1992 im ehemaligen DKW-Motorradwerk im sächsischen Zschopau auf den Punkt. Das Werk, am Stadtrand des erzgebirgischen Kreisstädtchens Zschopau gelegen, war bis 1904 eine Textilfabrik. Dann ließ sich der Däne Jörgen Skafte Rasmussen hier nieder und begann Dampfkesselarmaturen zu fertigen. Der erste Weltkrieg sorgte für Beschäftigung und Expansion des Werkes. In der Zeit nach 1918 versuchte Rasmussen sein Glück mit einem Dampf-Kraft-Wagen (»DKW«). Doch aus dem Werk wurde nichts Großes, bis Rasmussen auf Hugo Ruppe traf. Der emsige Zweitakttüftler aus Apolda bescherte Rasmussen einen Zweitakt-Spielzeugmotor, den Rasmussen wieder DKW taufte (»Des Knaben Wunsch«). Ab 1919 wurde das Triebwerk zum Hilfsmotor für Fahrräder entwickelt. Bald baute Rasmussen auch eigene Räder und legte den Grundstein für den kometenhaften Aufstieg des Werkes mit seinen hochmotivierten Mitarbeitern. Der richtige Riecher für die Entwicklung des oft verpönten Zweitakters, neue Vertriebs- und Fertigungsstrukturen, machten – in Verbindung mit einem wohlausgewogenen Programm – DKW für breite Kreise rasch zum Marktführer im Deutschen Reich. Und 1928 sogar zum größten Motorradwerk der Welt. Spätestens mit der Einführung der Umkehrspülung des Dr. Schnürle, dessen Patente DKW sich sicherte, geriet der Zweitakter zum idealen Alltagstriebwerk.

Am Ende der bis 1933 dauernden Weltwirtschaftskrise sollte sich DKW als umsatzstärkstes Unternehmen der neugegründeten

Das Zschopauer DKW Werk um 1930.

Auto Union (der sächsischen Fahrzeugwerke Audi, DKW, Horch und Wanderer) wiederfinden. Die sächsische Staatsbank und das Land Sachsen hatten 1932 auf den Zusammenschluss gedrungen. Rasmussen wurde im Lauf der Jahre ausgebootet.

Gleichzeitig wurde der Auto Union Konzern im Deutschen Reich zu einer mächtigen Größe. Im Weltkrieg, den man jetzt den Zweiten nennen musste, lieferte die Auto Union alle möglichen Rüstungsgüter an Hitlers Kriegsmaschinerie. DKW in Zschopau war mit Motorrädern und Stationärmotoren dabei. Doch im Mai 1945 war der zweite Weltkrieg verloren und die Rote Armee zog in Sachsen ein. Klar, dass die Siegermacht Sowjetunion sich am unversehrt gebliebenen Werk in Zschopau – wie an anderen Rüstungsbetrieben auch – schadlos hielt. Die Einrichtungen wurden bis auf den letzten Lichtschalter demontiert und in Güterzügen nach Russland geschickt. Die Auto Union wurde enteignet und aufgelöst. Das Werk war zur Sprengung vorgesehen. Dennoch machten sich alte DKW-Leute, die sich in einer Werkstatt in Willischthal mit der Produktion von Kochtöpfen, Handwagen, Utenbeschlägen und Stationärmotoren über Wasser hielten, Gedanken, wie ein Motorrad für die zunächst von den Siegermächten verfügte Hubraumbegrenzung von 60 ccm aussehen könnte. Es entstand das Versuchsmuster einer 60ccm-Zeitaktmaschine mit Ladepumpe, Pendelgabel und Hinterradschwinge. Dieses Kleinmotorrad wurde auf der Leipziger Messe 1948 vorgestellt, aber nach Wegfall der Hubraumbeschränkung nicht weiter entwickelt. Mittlerweile wurden in Eisenach schon wieder Motorräder gebaut, und das demontierte DKW-Werk Zschopau war durch Einwirkung von Obering. Rauch und dem sächsischen Industrieminister Selbmann haarscharf der Sprengung entgangen. Die sowjetische Militäradministration erlaubte bereits im August 1948, den Umzug in das große Werk. In erster Linie dachten die Sowjets daran, vielen perspektivlosen jungen Leuten Beschäftigung, Ausbildung und Lohn zu geben. Doch in den leeren Hallen konnte zunächst nicht produziert werden.

Es sollte bis März 1950 dauern, bis auf einem Schiebeband die ersten Motorräder gebaut werden konnten. Man begann mit einer Weiterentwicklung des 1939 hochmodernen Modells

Innenhof des MZ-Werkes um 1960.

Trotz vieler Werkzeugmaschinen und einem eigenem Vorrichtungsbau blieb bei MZ der Anteil an manueller Arbeit hoch. Zylinder-aufsetzen an einem ES 175/250-Triebwerk Ende der 50er Jahre.

RT 125, die nun als IFA DKW RT 125 mit Teleskopfederung an Vorder- und Hinterrad technisch auf dem neuesten Stand war.

Zur Produktionsvorbereitung gehörte in der frühen DDR nicht nur die Fertigung von Motoren und Rahmen, die Einrichtung einer Fertigung oder Vertrieb und Kundendienst, sondern sich auch die Bereitstellung von typischen Zulieferteilen, wie Elektrik, Bereifung, Lenkerarmaturen und ähnlichem. Hier stießen die Zschopauer auf ein Problem, das sich wie ein roter Faden durch die Motorradgeschichte der DDR ziehen sollte: Praktisch alle Zulieferer waren in den Westzonen angesiedelt. Es gab in der sowjetischen Besatzungszone zunächst keinen Hersteller von Kugellagern, Kolben, Zündkerzen, Ketten, Motorradbereifung und anderen wichtigen Bausteinen. Die Zulieferer saßen alle im Westen und durften, konnten oder wollten nicht liefern. Nicht umsonst besaßen drei von den ersten vier DDR-Maschinen (RT 125, AWO 425, EMW R 35/3 und BK 350) einen Gelenkwellenantrieb. Die Ketten für die RT-Fertigung wurden rucksackweise »schwarz« über die Grenze geholt, da auch Motorradketten auf der westlichen Embargoliste standen. Oder, was tatsächlich vorkam, die RT standen ohne Hinterradkette in den Schaufenstern der staatlichen »Handelsorganisation« (HO), die das Monopol für den Neufahrzeugverkauf besaß.

Die Gründung von BRD und DDR vertiefte schließlich die Spaltung Deutschlands, die als logische Folge des kalten Krieges zwischen den Supermächten entstanden war.

MZ-Konstrukteur Walter Heydenreich am Zeichenbrett der ES 250 mit einem jüngeren Kollegen.

**Exporterfolge waren wichtig für die DDR.
MZ- und Matchless-Motorräder auf einem Messestand circa 1958 in Südeuropa.**

Wenn auch Demontage und Rationierung noch vertraute Begriffe waren, wurde dennoch mit Elan an den zukünftigen Motorrädern gearbeitet. Die BK 350 besetzte die Rolle der Reise- und Seitenwagenmaschine und die Mängel der RT 125 wurden mit der RT 125/1 weitgehend ausgemerzt. Obwohl die Motorräder nicht für den Inlandsmarkt ausreichten, begann MZ sehr rasch mit dem Export um dringend benötigte Devisen einzuspielen. Das Werk wuchs in enormem Tempo.

Von 1950 bis 1955 konnte die Produktion von 1700 Maschinen jährlich auf über 30.000 per Anno gesteigert werden. In dieser Zeit begannen alte DKW-Mitarbeiter die RT 125-Modelle für den Sport zu trimmen.

Ein großer Einschnitt fand zu Beginn des Jahres 1956 statt. Mehr Identität als die Bezeichnung »Volkseigener Betrieb Motorradwerk Zschopau der Industrieverwaltung Fahrzeugbau (IFA)« schaffte das einprägsame Kürzel MZ (Motorradwerk Zschopau), das ab 1956 die offizielle Markenbezeichnung wurde. Statt der IFA-Raute prangte nun das MZ-Logo (das ein schwingengeführtes, rollendes Rad symbolisiert) auf den Tanks der Maschinen. Das Logo ist gleichzeitig ein Hinweis auf ein komplett neues 250er Modell, die ES 250. Diese Maschine verkörperte, abgesehen von geringerer Motorleistung, mit Vollschwingenfahrwerk und Teilverkleidung den modernsten Stand der Motorradtechnik. Mittlerweile begann MZ erfolgreich im Sport mitzumischen. Im Geländesport fuhren bei Veranstaltungen MZ auf beiden Seiten der Grenzen. Für den

Straßenrennsport hatte man sich der Mitarbeit von Ingenieur Walter Kaaden verpflichtet, der systematisch die von Daniel Zimmermann entwickelte Drehschiebertechnik weiterentwickeln sollte. Ab 1958 begann MZ auch international auf den Rennpisten zu triumphieren, was die Exportchancen weiter steigerte. Außerdem lieferte das Werk Einbaumotoren für Motorroller an das Industriewerk Ludwigsfelde und Konfektionäre im Ausland. Der DDR-Markt wurde gut bedient und im Gegensatz zu PKW hatten Motorräder nur kurze Lieferfristen.

1961 musste MZ einen schweren Schlag verdauen. Den WM-Titel praktisch in der Tasche, flüchtete Spitzenrennfahrer Ernst Degner während eines Grand Prix in Finnland. Dadurch zog sich der nichtolympische Motorsport noch mehr als zuvor den Unwillen der DDR-Regierung zu. Gleichzeitig verhängte die Nato ein Einreiseverbot für die MZ-Sportler, die an der Internationalen Sechstagefahrt teilnehmen wollten. Erst 1963 durfte die Geländesportgruppe unter Walter Winkler wieder international starten. Mittlerweile wurde die gute alte RT 125 von der neuen ES 125/150 abgelöst, während die großen Modelle mit 175 und 250 ccm modellgepflegt wurden. Die Produktion stieg weiter, denn im thüringischen Suhl musste Simson zugunsten von Mopeds die Produktion von 250ern aufgeben. Neue Perspektiven versprach sich die Führung der DDR vom Wankelmotor, für den man Lizenzen bei NSU nahm. Die Planung sah vor, dass MZ den Motorradbau einstellen und Wankelmotoren für Wartburg und Trabant bauen sollte.

Dabei trumpften die Sachsen im Motorradbau mächtig auf. Die Produktionszahlen stiegen immer noch, mit der ES 125/150 setzte sie den Maßstab in jener Klasse. Auf den Rennpisten besaß MZ die schnellsten Zweitakter der Welt, doch stets verhinderten Pleiten, Pech und Pannen den WM-Titel. Dafür schien im Geländesport gegen MZ kein Kraut gewachsen zu sein: Ab 1963 siegten die Zschopauer fünfmal in Folge und 1969 wieder bei der Internationalen Sechstagefahrt, der Weltmeisterschaft

Stolz auf das Erreichte: Versuchsfahrer von MZ 1967 am nördlichen Werkeingang.

der Geländefahrer. Auch in der Serie tat sich etwas. Eine 300er erfreute die Seitenwagenfahrer, die stets bei MZ gut aufgehoben waren. Die leidigen Vibrationen der ES 300 waren der Grund, dass sich die MZ-Entwickler unter Obering. Herbert Friedrich Gedanken um eine elastische Motoraufhängung machten.

Das Ergebnis stand 1967 auf der Leipziger Messe: Die ES 175/2 und die ES 250/2 unterschieden sich in fast jedem Detail von ihren Vorgängern und kombinierten eine sehr gute Straßenlage mit erstaunlich hohem Fahrkomfort. Die neuen Modelle erhielten aufgrund der MZ-Erfolge bei den Six-Days den Beinamen »Trophy«. Das Wankel-Abenteuer sollte einige Jahre später im Nichts enden.

1968 übernahm das Versandkaufhaus Neckermann in Frankfurt am Main den MZ-Import für die BRD. Diese Maßnahme half, die Preise in der BRD niedrig zu halten. Dem Ansehen von MZ in Westdeutschland schadete das Kaufhausimage. Für die Saison 1969 hatte man bei MZ die kleinen ES modifiziert, sie gingen als ES 125/1 und ES 150/1 auch mit dem

Beinamen »Trophy« auf Kundenfang. Doch für allgemeines Erstaunen sorgten die Sachsen mit ihrer ETS 250 »Trophy Sport«, die auf der technischen Basis der ES 250/2 mit Telegabel und sportlichem Look eine Abkehr von den Schwingenmodellen einläutete. Schwingenkonstruktionen am Vorderrad galten inzwischen als unmodern. Auch die MZ-Geländesportler erzielten ihre Erfolge mit Teleskopgabeln. So war es auch eine ETS 250, die als einmillionste Maschine seit 1950 gefeiert wurde. 80.000 Motorräder verließen jährlich das aus allen Nähten platzende Werk, in dem mehr als 3.000 Menschen arbeiteten.

1970 legten die Ostberliner Bürokraten das Suhler Simson-Werk, MZ in Zschopau und die Mitteldeutschen Fahrradwerke Sangerhausen (MIFA) zum IFA Kombinat für Zweiradfahrzeuge mit 12.000 Beschäftigten und einem Generaldirektorat in Suhl zusammen. Die Kombinatsbildung erschwerte durch bürokratische Strukturen rasches Handeln der Werke. Weitere Schwierigkeiten brachte die massive Verstaatlichungspolitik der SED. Plötzlich gab es keine kleinen Betriebe mehr, die beispielsweise für Versuchsmodelle und Prototypen Bauteile in handwerklicher Fertigung hätten herstellen können. Auch im Straßenrennsport fiel MZ aus Geldmangel in eine Statistenrolle. Im Geländesport lief es besser, aber an die Erfolge der 60er Jahre konnte MZ nicht mehr anknüpfen. Die gute Aufnahme der ETS 250 führte dazu, dass auch die kleinen ES-Modelle mit Teleskopgabel erschienen. Sie bereicherten ab 1971 das Angebot als ETS 125/150. Die nächste Generation von MZ-Maschinen gab es nur noch mit Teleskopgabel zu kaufen. Für die 250er wurde ein neuer Brückenrahmen ohne Unterzüge aus den Geländesportmodellen heraus entwickelt. Die neue Baureihe hieß »TS«.

Eigentlich hätte die neue TS auch einen neuen Motor erhalten sollen. Dieses horizontal geteilte, mit elektrischem Anlasser ausgestattete Triebwerk war bereits serienreif. Doch das Kombinat verweigerte MZ das Geld für die Umstellung der Motorenfertigung. Daher behielt die TS das antiquierte Triebwerk der ETS 250.

**Opfer der Kombinatsbildung:
MZ TS 200-Prototyp von 1972.**

Verfeinert wurde die TS 250 Ende 1976. Als TS 250/1 erhielt sie eine modifizierte Frontpartie und ein, aus den Geländesportmaschinen stammendes, Fünfganggetriebe und wurde so bis Ende 1981 gebaut. Abgelöst wurde sie durch eine Neukonstruktion, die mit Getrenntschmierung, Scheibenbremse und 12 Volt-Drehstromlichtmaschine zeitgemäße Technikdetails nach Zschopau brachte. Dazu kam der Kastenprofilrahmen, der sich billig von Robotern schweißen ließ. Immer noch verließen mehr als 80.000 Motorräder im Jahr das Werk, das neben dem Hauptwerk sechs weitere Betriebsteile besaß, in denen auch Trabant-Sitze und Simson-Auspufftöpfe entstanden. Die Exportquote war hoch, doch von dem Geld sah man bei MZ nichts. Ab den 70er Jahren wurde das Werk auf Verschleiß gefahren und litt unter dem Mangel an Investitionsmitteln. Den Löwenanteil an der Produktion hatte auch noch die 150er, die trotz des gleichen Bauaufwandes viel billiger als die 250er verkauft werden musste.

Gemessen an der Einwohnerzahl besaß die DDR die weltgrößte Motorraddichte. Ende der 80er Jahre standen 1,4 Millionen zugelassene Motorräder den 17 Millionen Einwohnern gegenüber, kein Wunder: Schließlich waren Motorräder, im Gegensatz zu Autos, problemlos zu bekommen und wesentlich günstiger im Unterhalt. In der BRD hatte 1983 die Motorrad- und Zubehörkette »Hein Gericke« den MZ-Import übernommen. Trotz massiver Werbung und günstigen Preisen konnte auch Gericke den MZ-Marktanteil von 1% in der BRD nicht steigern. Anders sah es in Staaten wie Finnland, Türkei und England aus. Dort konnte sich MZ trotz japanischer Konkurrenz in den kleineren Hubraumklassen stets gut behaupten.

Bei MZ gab man mittlerweile hinter vorgehaltener Hand selbst zu, dass die TS 125/50 aller Qualitäten zum Trotz wie die eigene Großmutter wirkte. Die Ablösung in Form der ETZ 125/150 zum Frühjahr 1985 geriet von der Technik her überzeugend. Viele Bauelemente (12 Volt Elektrik, Telegabel, Scheibenbremse) stammten von der ETZ 250. Arbeitskräfte- und Rohstoffmangel ließen jedoch die Qualität der

ETZ-Modelle gegenüber den alten TS-Typen abfallen. Abhilfe versprach die Errichtung eines neuen Produktionswerkes drei Kilometer südlich, im höher gelegenen Zschopau-Hohndorf. Doch an einen Umzug sollte trotz begonnener Bauarbeiten vor Ende der 80er Jahre nicht zu denken sein.

Die kleine MZ galt als ausgesprochen gelungenes Fahrzeug, das auch vom Fahrwerk her die größeren Modelle in den Schatten stellte. Daher basierte auch die 1988 vorgestellte ETZ 250, die ETZ 251, auf dem kleineren Modell. Der große Motor im verstärkten, kleinen Chassis sorgte für einen Kurvenräuber par Excellence. Die Optik erntete in den westlichen Ländern allerdings oft eher ein Lächeln. Da der Geländesport in der DDR sehr populär war, und die ETZ Baureihe mehr Enduro-Anmutung besaß als ihre Vorgänger, gedachte man, aus der Not eine Tugend zu machen und entwickelte 1989 die ETZ »OR«-Modelle. OR stand dabei für »Off Road«. Dennoch blieb es bei Prototypen und Verkaufsprospekten. In Serie dagegen ging eine 300 ccm Variante der ETZ 251, die ETZ 301. Besonders auf Gebirgsstrecken und im Gespannbetrieb konnte die kräftigste Zweitakt-MZ ihre Trümpfe ausspielen.

Im Sommer 1989 hatte man in Zschopau mit dem Einbau eines 500 ccm Rotax-Viertaktmotors in ein MZ-Fahrgestell versucht, neue Wege zu gehen. Die alten Zweitaktmotoren besaßen nur noch wenig Entwicklungspotenzial, um so mehr, wenn daran gedacht war, zukünftige Abgasnormen zu erfüllen. Überdies waren weltweit schon seit Jahren Viertakter das maß aller Dinge, die Abkehr vom Zweitakter schien zwingend. Ein fahrfähiger Prototyp stand 1990 auf der Leipziger Messe und wurde später zur MZ 500R entwickelt, die noch in kleinen Stückzahlen verkauft wurde.

Der Riese in Agonie: Kurzarbeit bei der MZ GmbH zu Beginn des Jahrs 1991.

Ursprünglich hatte MZ einen eigenen Viertaktmotor entwickeln wollen, doch noch im Prototypenstadium starb dieses Projekt. Kurz zuvor, am 9. November 1989, war das Herrschaftsmonopol der SED durch Massenflucht, Demonstrationen und Grenzöffnung zusammengebrochen. MZ verkaufte noch bis zum Sommer 1990 sowohl im In-und Ausland recht gut, um danach ins Bodenlose zu fallen.

Zum einen brach der Inlandsmarkt, der jährlich mehr als 40.000 Maschinen aufgenommen hatte, zusammen. Die Menschen in der DDR waren fasziniert vom westlichen Automobilangebot. Motorräder heimischer Produktion schienen nicht mehr interessant. Andererseits war durch höhere Miet- und Lebenshaltungskosten und Massenarbeitslosigkeit das Geld knapper geworden. Zum anderen brach auch der Export zusammen. Die westlichen Märkte konnten nicht mehr zu Dumpingpreisen beliefert werden, während die östlichen Handelspartner und Schwellenländer keine D-Mark besaßen, um bereits bestellte Motorräder zu kaufen. Vertreter konkurrierender Motorradfirmen besuchten MZ, um vor Ort über Kooperationen oder Übernahme zu sprechen, doch ohne Ergebnis. Der marode Betrieb ging in das Eigentum der Treuhand über und änderte die Organisationsform von VEB in eine GmbH.

Unproduktive oder unwirtschaftliche Betriebsteile wie die Poliklinik oder die Seitenwagenfertigung in Leipzig wurden geschlossen. Trotz politischer Unterstützung durch die sächsische Landesregierung leitete die Treuhandanstalt aufgrund hoher Verluste bei MZ die Liquidation der MZ GmbH zum Jahresende 1991 ein. Eine »Galgenfrist« bis zum 30. Juni 1992 reichte nicht aus, um neue Märkte zu erobern. Der gesamtdeutsche Marktanteil von MZ rutschte auf unter 1%. Die eingeleitete Liquidation zerstörte dazu jeden Vertrauensvorschuss bei Geschäftspartnern.

Auch die komplette Palette von 125ern, 250ern und 300ern im moderneren Gewand und verschiedene Varianten der 500er schlugen auf dem Markt nicht ein und blieben Fahrzeuge für Individualisten. Am 1. Juli 1992 formte sich dann als Nachfolgebetrieb der MZ GmbH die »Motorrad- und Zweiradwerk GmbH (MuZ)«. Ende des Jahres erschien mit den »Scorpion«-Prototypen« von MuZ ein überraschend modernes Viertakt-Einzylinder-Sportmotorrad mit dem Halbliter-Rotax-Single. 1993 zog die Verwaltung nach Hohndorf um, die Produktion folgte später. Ab 1994 wurde die Fertigung der Zweitakter mit einer 125er im alten Werk eingestellt, während die Scorpion mit 660er-Yamaha-Motor auf dem Markt erschien.

Die alten Fertigungsanlagen, darunter die gesamte Taktstraße für die große ETZ-Baureihe landeten im Laufe des Jahres 1992 in der Türkei beim dortigen Importeur Kubalkan. Dieser richtete bei sich 1993 die Fertigung von ETZ 251 und 301 wieder ein und produzierte bereits 1993 2.400 Einheiten. Im Deutschland dauerte es bis 1995, bis die ersten türkischen ETZ zu den Kunden kamen. Und obwohl man sich in Zschopau-Hohndorf bei MuZ grundsätzlich vom Zweitakter verabschiedet hatte, war der Ärger vorprogrammiert: Die Berliner Firma MZ-B Vertriebes GmbH importierte die türkischen ETZ, die zu allem Überfluß noch einen MZ-Schriftzug auf dem Tank hatte. Im Ergebnis kam es zu einem Rechtsstreit zwischen MZ-B und MuZ. MuZ drohte seinen Vertragshändlern Strafen an, wenn sie türkischen ETZ-Modelle mit in ihr Verkaufsprogramm aufnehmen würden. Zum anderen war die Frage scheinbar nicht hinreichend geklärt, wer die Vertriebsrechte der Maschine für den deutschen Markt besaß, da die Firma Kuralkan mit dem Verkauf der Fertigungsanlagen 1990 lediglich »das alleinige Recht zum Verkauf in der Türkei, Iran/Irak und der SU« erhalten hatte. Jedoch blieb es strittig ob die Lizenzrechte für die ETZ-Baureihe überhaupt bei MuZ, oder doch eher bei der Zschopauer Ingenieur- und Technik GmbH (ITG) lagen. Die ITG hatte dem Import der Maschinen nach Deutschland über die MZ-B GmbH zugestimmt. MZ-B behielt daher den Import bis 1997 bei, und gab ihn dann an die Kanuni GmbH in Bruchertsseifen ab. Im März 1998 verzichtete man aufgrund einer einstweiligen Verfügung, die MuZ erwirkt hatte, auf die Buchstaben MZ und warb nur noch mit dem Kanuni-Logo. Der Import endete noch im gleichen Jahr.

Im Sound-of-Singles-Sport mischte MuZ erfolgreich mit und auch der Scorpion-Cup bietet europaweit günstigen Motorradbreitensport. Das alte Werk gehört nun der »Komplexbau Immobiliengesellschaft mbH Zschopau«. Sie versuchte, mittelständische Betriebe auf dem teilsanierten Areal anzusiedeln.

MuZ wurde in der Zwischenzeit (1996) vom malayischen Großkonzern Hong-Leong übernommen. Einzylindermaschinen sportlichen Charakters wurden charakteristisch für Aktivitäten und Image von MuZ. Zu den »Scorpionen« gesellen sich noch eine Enduro und ein Supermoto-Bike. Die kräftige Kapitalerhöhung durch Hong Loong machte Aktivitäten vieler Art möglich, ein Werksengagement im 500er GP-Sport endete nach zwei Jahren mit Achtungserfolgen und Rückzug.

Anmerkungen zu den Modellreihen

Die R(eichs)T(yp)-Modelle RT
Als »Wiederaufbau-Motorrad« konnte die Wahl der Zschopauer gar nicht besser ausfallen. Hermann Webers genial-einfache RT 125 war in jeder Hinsicht ressourcenschonend und bot dennoch die Fahrleistungen einer Vorkriegs-200er in Verbindung mit Platz und Stabilität für zwei. Die Formensprache wirkte auch in den 50ern noch nicht gestrig und mit ihrem modernen Fahrwerk hob sich schon die erste IFA RT 125 positiv von der Ingolstädter DKW RT 125 ab. Die Mängel der ersten RT 125 beseitigte die RT 125/1, die wie kein Motorrad vorher schonend mit der Kette umging. Die RT 125/2 hieß schon MZ, und mit der RT 125/3 gingen die Zschopauer Ingenieure bis an die Grenzen des Konzepts: Vier Gänge, 6,5 PS, Vollnabenbremsen und modische Optik hielten das Vorkriegsmaschinchen bis in die 60er Jahre frisch.

Die B(oxer)K(ardan)-Modelle BK
Der einzige Zweizylinder, der die Zschopauer Motorradschmiede seit 1940 verließ, hieß BK. Bei dieser glattflächigen Konstruktion waren die typischen Elemente der deutschen Schule zu finden. Die BK sollte die Rolle des Seitenwagenzugpferdes spielen. Hier konnte die RT nicht helfen. Die Entwicklung beruhte gedanklich auf Zweitakt-Boxermotoren, die DKW noch kurz vor Kriegsende als Startermotoren für Strahljäger produziert hatte. Die Idee, das Triebwerk in ein Motorrad zu setzten, praktizierten die Sowjets in ihrem Chemnitzer Konstruktionsbüro nach dem Krieg mit DKW-Leuten, die sich 1950 wieder in Zschopau einfanden. Da Simson in Suhl schon eine 250er serienreif hatte, machten die Zschopauer mit ministerieller Genehmigung eine 350er aus der BK. Als MZ BK 350 erhielt sie 1956 zwei Zusatz-PS, verschwand aber 1959 aus dem Programm. Ein geplanter Nachfolger, die BK 351 mit Vollschwingenfahrwerk, blieb ein Prototyp.

Die großen E(inzylinder)S(chwinge)-Modelle ES
Die ES 250 war die erste MZ und unterstrich im Februar 1956 den Anspruch, handfeste Gebrauchsmotorräder mit überdurchschnittlichen Fahreigenschaften zu bauen. Der Einzylinder war konventionell, abgesehen von der auf der Kurbelwelle sitzenden Kupplung; doch das Fahrwerk bot in Verbindung mit den großen Sitzen eine neue Dimension an Fahrkomfort. Gewicht und Bauaufwand waren hoch für eine 250er, doch man arbeitete daran. Der Doppelport entfiel 1957 und die ES 175 schleppte schon weniger Blech mit sich herum. 1961 änderte sich der Motor, auch Sitzbänke waren nun lieferbar. Mehr Leistung und weniger Qualm hieß die Devise der ES 175/1 und ES 250/1. Für Seitenwagenfreunde, die immer noch der BK nachtrauerten, erschien 1963 die ES 300. Ihre Vibrationen und ihr Durst waren der Preis für ihren bulligen Antritt, sie verschwand schon nach zwei Jahren wieder vom Markt. Weniger Vibrationen und mehr Fahrkomfort – das realisierte MZ 1967 mit den ES 175/2 und ES 250/2. Mit der elastischen Motoraufhängung und dem PKW-Scheinwerfer demonstrierten sie Fortschritt. Doch die Optik blieb umstritten, was den Export gegen Devisen erschwerte. Erst 1973 lief die ES 250/2 aus.

Die kleinen E(inzylinder)S(chwinge)-Modelle ES
Weltniveau in fast jeder Hinsicht verkörperten die kleinen ES -Modelle ab 1962. Auf der konstruktiven Basis des RT 125/3-Motors holte man mehr Leistung und Laufruhe denn je. Dazu kam das rasch zu fertigende, gefalzte Blechchassis mit Schwingen für Vorder- und Hinterrad. Die ES 150 sollte das meistgebaute deutsche Motorrad aller Zeiten werden. Ihr Fahrkomfort war unerreicht, die Qualität erst-

klassig und noch dazu bot sie erstmals asymmetrisches Licht am Zweirad. Als ES 125/1 und ES 150/1 erschienen die Modelle technisch gepflegt Ende 1969, um dann für den DDR-Binnenmarkt noch bis 1978 gefertigt zu werden.

Die E(inzylinder)T(elegabel) S(chwinge)-Modelle ETS

Vorderradschwingen waren seit Mitte der 60er Jahre nicht mehr angesagt. Die MZ-ler schauten sich die Norton »Roadholder«-Telegabeln genau an und schufen auf Basis der ES-Modelle viel flotter wirkende Motorräder mit sportlicher Optik. Besonders im Export waren die ETS begehrt, so dass sie daheim nicht verkauft, sondern verteilt wurden. Speziell die optisch sehr eigenständige ETS 250 genoss schon zu Lebzeiten Kultcharakter.

Still going strong: Versandbereite MZ RT 125 im Hohndorfer Werk im Sommer 2000.

Die großen T(elegabel)S(chwinge)-Modelle TS

Die TS 250 löste Ende 1973 sowohl die ES 250/2 als auch die ETS 250 ab. Sie sollte ein Kompromiss aus beiden darstellen und erhielt einen Parallelrohrrahmen ohne Unterzug, der aus dem der Geländemaschinen entwickelt worden war. Ursprünglich war geplant, die TS nicht nur mit einem neuen Rahmen auszustatten. Auch ein modernes Triebwerk, horizontal geteilt, mit 12 Volt Bordnetz, Ölpumpe und Elektrostarter war serienreif und hätte MZ wieder an die Spitze des Angebots gebracht. Doch Berlin sagte nein, und so fuhr die TS 250 zwar als erste MZ 1:50, behielt aber ansonsten den Motor der ETS 250. Motorische Änderungen führten 1976 zur TS 250/1, die als erste MZ mit Fünfganggetriebe und Drehzahlmesser glänzen konnte. In Kennerkreisen wird sie oft als verlässlichste 250er-MZ bezeichnet.

Die kleinen T(elegabel)S(chwinge)-Modelle TS

Aus der Frontpartie der TS 250 und dem Rest der ES 125/1 beziehungsweise ES 150/1 entstand die TS 125/150. Neu entwickelt für dieses Modell wurden nur Tank und Sitzbank. Als Volumenmodell von MZ war sie billig, sparsam und bequem, wirkte aber selbst bei bescheidenen Ansprüchen Ende der 70er Jahre gestrig. Gleichwohl verhalfen die Änderungen an Fahrwerk und Motor ab 1977 dem Duo zu einem erstaunlichen Reife-grad, der bis 1985 anhalten musste.

Die E(inzylinder)T(elegabel)Z(entralkastenrahmen)-Modelle ETZ

Ende 1981 zog die ETZ 250 begehrliche Blicke auf sich. Eindeutig die modernste Maschine des Ostblocks, prunkte sie in der Exportversion mit einer Brembo-Scheibenbremse, Ölpumpe und einer 12 Volt-Drehstromlichtmaschine. 18 Zoll-Räder lagen im Trend und wurden von Importeuren gefordert. Die kleine Schwester, die ETZ 125/150 erschien 1985 und brachte frischen Wind in die kleine Klasse, litt aber zunächst unter Verarbeitungsproblemen. Ihr Fahrwerk war so gelungen, dass es zur Basis der ETZ 251 wurde, die in Kehren zum Superbike-Schreck taugte und als ETZ 301 noch mehr Bulligkeit bewies. Heute leben die ETZ-Modelle 251 und 301 im türkischen Exil und sind auf dem dortigen Markt die Nr.1!

Die 500 R(otax)-Modelle

Nachdem MZ den eigene Viertakter zu den Akten gelegt hatte, entschied man sich für den Rotax-Motor aus dem blockfreien Österreich. Die Unterbringung des Singles im kompakten Chassis der ETZ 251 verursachte den Kon-

strukteuren Bauchweh und kostete durch einen ungünstigen Ansaugweg Leistung. Dennoch besaß die 500er, die schon kurz vor dem Fall der Mauer für die Serienfertigung vorgesehen war, ein erstklassiges Leistungsgewicht und ein brillantes Handling. Die Phantasie der Zschopauer ließ auf der technischen Basis der 500 R die Versionen Fun, Tour, Silver Star und Country nebst Behördenmodellen entstehen. Auch Gespanne gab es hier auf Basis der Fun und der Silver Star ab Werk.

Die Scorpion-Modelle

Nachdem im aufregend leichten Chrommolybdän-Chassis der Scorpion-Prototypen noch ein 500er Rotax-Triebwerk Platz gefunden hatten, erschien 1994 die Serien-Scorpion bodenständiger und schwerer mit dem betagten, aber durchzugskräftigen Fünfventil-Motor aus der Yamaha XTZ 660. Aus dem Prototyp wurde die »Sport«, die nackte Version hieß »Tour« und wenn eine Tourenverkleidung nebst Koffern an einer Scorpion war, handelte es sich um die »Traveller«. Topmodell der Scorpion-Baureihe ist die »Replica«, bei der es sich nicht um die Replica einer Werksmaschine von Derek Edwards oder Elli Bindrum handelt, sondern um eine Sport mit Vollverkleidung und hochwertigen Fahrwerks- und Bremsenkomponenten.

Die Bagheera/Mastiff-Modelle

Mit gleichem Fahr- und Triebwerk, aber dennoch eigenständiger Optik, erschienen 1996 die mit dem bewährten Yamaha-Fünfventil-Single ausgerüsteten Mastiff und Bagheera. Die Mastiff stellte optisch den wilden Hund, eine Art Streetfighter, dar und entpuppte sich prima Tourenmotorrad für kurvige Landstraßenstrecken. Die Bagheera zeigte sich Gelände kompetenter als japanische Enduros, bot aber wenig Reise- und Langstreckenkomfort. Den Super-Moto-Trend nahmen die Bagheera Street Moto und Black Panther auf. Geschickt wurde eine Bagheera mit Rädern und Bremsen der Mastiff ausgerüstet – und fertig war das neue Modell.

Die neue R(eichs)T(yp) RT 125

Etwas spät für den 125er Boom auf dem deutschen Markt, aber nicht zu spät für den Weltmarkt, erschien im Winter 2000 die erste MZ-Entwicklung seit dem Fall der Mauer mit eigenem Triebwerk. Entsprechend alter MZ-Tradition sind Fahrkomfort und -eigenschaften der RT 125 überdurchschnittlich gut. Auch die 15 PS aus dem kleinen DOHC-Viertakter liegen über dem Klassenstandard und erlauben sportliche Fahrweise. Auf der gleichen technischen Basis baut MZ ab 2001 eine schlanke Enduro im modernen Look, die SX 125. Auf der Basis der Enduro entsteht zugleich eine Super-Moto-Maschine für die kleinste Motorradklasse. Die Auslieferung der Novitäten wird im Frühjahr 2001 beginnen.

Eine Ergänzung zu den großen Singles und eine Rückkehr zu alten Hubraumklassen sowie der Bau eigener Motoren werden Januar 2000 mit der Vorstellung der neuen RT 125 Realität. Mit 15 PS starkem Viertaktmotor für die weltweit populäre Achtelliterklasse setzte die kleine Viertaktmaschine Maßstäbe. Auf der Intermot 2000 ergänzte MuZ, die seit diesem Jahr wieder MZ heißen, das Programm um zwei weitere 125er und eine sportlichen 1000er Zweizylindermaschine mit eigenem Motor, die 2002 in Produktion gehen soll.

IFA RT 125

Die IFA/DKW RT 125 trug noch den DKW-Schriftzug auf dem Tank, als sie 1950 erschien. Sie entpuppte sich als eine konsequente Weiterentwicklung der Vorkriegs-RT 125 von 1939. Der Konstrukteur Hermann Weber hatte eine kleine, sportliche Alltagsmaschine entworfen, die die Fahrleistungen der bisherigen 200er mit der Wirtschaftlichkeit einer 100 vereinte. Kein Wunder, dass die RT 125 – nach dem verlorenen Krieg nicht mehr patentgeschützt – weltweit das meistkopierte Motorrad der Welt werden sollte: Von BSA bis Yamaha – dieser Entwurf machte Karriere. Die ab 1950 gebaute IFA profitierte enorm von der damals hochmodernen Teleskopfederung. Die Sattelfederung und die Buchsen der Telegabel bescherten gelegentlich Probleme. Heute ist diese Maschine die gesuchteste Zschopauer RT-Ausführung.

Modell:	IFA DKW RT 125
Bauzeit:	1950 – 1954
Stückzahl:	30.199
Motorbauart:	Zweitakt mit Umkehrspülung
Zylinderzahl:	1
Kühlung:	Fahrtwind
Hubraum:	123 ccm
Bohrung x Hub:	52 x 58 mm
Leistung bei /min:	4,75 bei 5.000/min
max. Drehm. bei /min:	0,7 mkg bei 3.300/min
Primärantrieb:	Kette
Getriebe:	3-Gang
Endantrieb:	Rollenkette
Gemischaufbereitung:	Vergaser BVF RT 17
Rahmenbauart:	Geschlossener Einrohrrahmen
Federung vorn:	Telegabel
Federung hinten:	Geradweg
Bremsen vorn:	Trommel, 125 mm
Bremsen hinten:	Trommel, 125 mm
Reifen vorn:	2.50 – 19
Reifen hinten:	2.50 – 19
Tankinhalt:	8 l
Höchstgeschwindigkeit:	75 km/h
Sitzplätze:	2
Leergewicht:	78 kg
seitenwagentauglich:	nein
Preis	1.680 Mark

IFA BK 350

Modell:	IFA BK 350
Bauzeit:	1952 – 1956
Stückzahl:	42.983 (incl. MZ BK 350)
Motorbauart:	Zweitakt mit Umkehrspülung
Zylinderzahl:	2
Kühlung:	Fahrtwind
Hubraum:	343 ccm
Bohrung x Hub:	58 x 65 mm
Leistung bei /min:	15 bei 5.000/min
max. Drehm. bei /min:	2,7 bei 3500/min
Primärantrieb:	direkt
Getriebe:	4-Gang
Endantrieb:	Welle
Gemischaufbereitung:	Vergaser BVF NP 22-7
Rahmenbauart:	Geschl. Doppelrohrrahmen
Federung vorn:	Telegabel
Federung hinten:	Geradweg
Bremsen vorn:	Magnesiumvollnabe, 200 mm
Bremsen hinten:	Magnesiumvollnabe, 200 mm
Reifen vorn:	3.25 – 19
Reifen hinten:	3.25 – 19
Tankinhalt:	18l
Höchstgeschwindigkeit:	110 km/h
Sitzplätze:	2
Leergewicht:	142 kg
seitenwagentauglich:	ja
Preis	3.460 Mark

Die BK 350 basierte auf einem 250er Zweitakt-Boxer-Prototypen, den eine sowjetische Entwicklungsstelle im sächsischen Cunewalde (in der ehemalige DKW-Techniker arbeiteten) realisiert hatte. In der DDR gab es – bedingt durch die Nachkriegssituation – Probleme mit der Verfügbarkeit von Endantriebsketten, dies und der populäre Seitenwagenbetrieb sprachen für die Boxer-Kardan-Bauweise. Bereits während des Krieges hatten DKW-Techniker an Zweitaktboxern und Gegenkolbenrennmotoren gearbeitet, die Neuentwicklung profitierte von diesen Erfahrungen. Auch für die Hubraumgröße von 350 ccm gab es gute Gründe: Simson in Suhl entwickelte bereits eine Kardan-250er. Eine weitere Maschine dieser Hubraumgröße war nach damaliger Auffassung unnötig, weshalb das Transportministerium der DDR auch die notwendige Produktionserlaubnis verweigert hätte.

IFA
RT 125/1

Die IFA RT 125/1 versuchte, die Mängel der RT 125/0 auszumerzen. Nachdem vereinzelt Rahmenbrüche aufgetreten waren, wurden nun die Hauptrahmen nicht mehr geschweißt, sondern wieder aufwändig gemufft. Neben einer Leistungssteigerung fand sich eine verbesserte Sattelfederung nach Harley-Davidson Vorbild und – erstmals an einem Serienmotorrad – der auf den MZ-Ingenieur Walter Heydenreich patentierte Kettenschutz mit profilierten Gummischläuchen. Die Gummischläuche lösten auf preiswerte Weise das Problem der qualitativ schlechten und schwer erhältlichen DDR-Ketten aus Barchfeld in Thüringen.

Modell:	IFA RT 125/1
Bauzeit:	1954 – 1956
Stückzahl:	33.148
Motorbauart:	Zweitakt mit Umkehrspülung
Zylinderzahl:	1
Kühlung:	Fahrtwind
Hubraum:	123 ccm
Bohrung x Hub:	52 x 58 mm
Leistung bei /min:	5,5 bei 5.200/min
max. Drehm. bei /min:	0,8 bei 3.500/min
Primärantrieb:	Kette
Getriebe:	3-Gang
Endantrieb:	gekapselte Rollenkette
Gemischaufbereitung:	Vergaser BVF NB 20
Rahmenbauart:	Geschlossener Einrohrrahmen
Federung vorn:	Telegabel
Federung hinten:	Geradweg
Bremsen vorn:	Trommel, 125 mm
Bremsen hinten:	Trommel, 125 mm
Reifen vorn:	2.75 – 19
Reifen hinten:	2.75 – 19
Tankinhalt:	11 l
Höchstgeschwindigkeit:	80 km/h
Sitzplätze:	2
Leergewicht:	85 kg
seitenwagentauglich:	nein
Preis	1.765 Mark

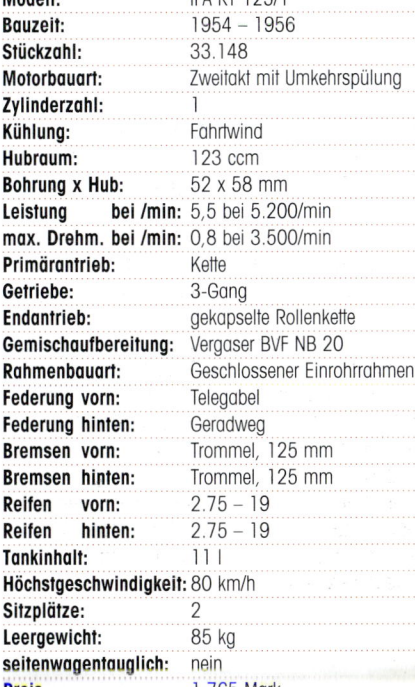

MZ
RT 125/2

Die MZ RT 125/2 erschien passend zur Umbenennung des vormaligen IFA/DKW-Motorradwerks in »Motorradwerk Zschopau« zu Beginn des Jahres 1956. Detailverbesserungen nebst bunten Farben und mehr Chrom zeigten, dass es mit MZ aufwärts ging. Chromtanks und Leichtmetallfelgen waren zunächst vorrangig für den Export vorgesehen. In der DDR nahmen die Käufer die Maschine meist so wie sie in die IFA-Filiale geliefert worden war. Gegen Ende ihrer Bauzeit erhielt die RT 125/2 dann noch die modernen Vollnabenbremsen, ohne teurer zu werden

Modell:	MZ RT 125/2
Bauzeit:	1956 – 1959
Stückzahl:	55.424
Motorbauart:	Zweitakt mit Umkehrspülung
Zylinderzahl:	1
Kühlung:	Fahrtwind
Hubraum:	123 ccm
Bohrung x Hub:	52 x 58 mm
Leistung bei /min:	6 bei
max. Drehm. bei /min:	0,87 bei 4000/min
Primärantrieb:	Kette
Getriebe:	3-Gang
Endantrieb:	gekapselte Rollenkette
Gemischaufbereitung:	Vergaser BVF NB 20 – 2
Rahmenbauart:	Geschlossener Einrohrrahmen
Federung vorn:	Telegabel
Federung hinten:	Geradweg
Bremsen vorn:	Trommel, 125 mm, ab 1958 Vollnabe 150 mm
Bremsen hinten:	Trommel, 125 mm, ab 1958 Vollnabe 150 mm
Reifen vorn:	2.75 – 19
Reifen hinten:	2.75 – 19
Tankinhalt:	11 l
Höchstgeschwindigkeit:	80 km/h
Sitzplätze:	2
Leergewicht:	90 kg
seitenwagentauglich:	nein
Preis:	1.830 Mark

MZ ES 250

Modell:	MZ ES 250
Bauzeit:	1956 – 1962
Stückzahl:	150.326
Motorbauart:	Zweitakt mit Umkehrspülung
Zylinderzahl:	1
Kühlung:	Fahrtwind
Hubraum:	250 ccm
Bohrung x Hub:	70 x 65 mm
Leistung bei /min:	12,5 PS bei 5.000/min, ab 1957 14,25 PS bei 5.100/min

Mehr als den aktuellen Stand der Technik demonstrierte ab Februar 1956 die brandneue ES 250. Wenn auch mit Rücksicht auf die Kraftstoff- und Ölqualitäten in der DDR die Motorleistung bescheiden ausfiel, überzeugten Ausstattung und Fahrkomfort der ES auch kritische Geister. Der Raum in den serienmäßigen Taschen am Hinterradkotflügel, der Platz in den Seitenverkleidungen und unter denen – von Zündapp abgeschauten – Sitzen wurde von keiner anderen Serienmaschine erreicht. Dazu kam ein maximaler Komfort. Westdeutsche Motorradtester sprachen selbst im Vergleich zu BMW von der ES 250 als »dem bestgefedertsten Motorrad überhaupt«. Ab 1957 leistete die »Einport«-ES 250 ohne rechten Auspuff zwei PS mehr! Vollschwingenfahrwerke wie das der ES 250 galten im deutschsprachigen Raum nicht als skurril, sondern als letzter Schrei, wenn es um präzise Vorderradführung und optimalen Fahrkomfort ging.

max. Drehm. bei /min:	2,05 mkg bei bei 3.600/min, ab 1957 2,13 mkg bei 3.700/min	**Bremsen vorn:**	Vollnabe 160 mm
		Bremsen hinten:	Vollnabe 160 mm
Primärantrieb:	Räder	**Reifen vorn:**	3.25 – 16
Getriebe:	4-Gang	**Reifen hinten:**	3.25 – 16
Endantrieb:	gekapselte Rollenkette	**Tankinhalt:**	16 l
Gemischaufbereitung:	Vergaser BVF N 271/0	**Höchstgeschwindigkeit:**	110 km/h, ab 19 115 km/h
Rahmenbauart:	Geschlossener Einrohrrahmen	**Sitzplätze:**	2
		Leergewicht:	150 kg
Federung vorn:	Langschwinge	**seitenwagentauglich:**	ja
Federung hinten:	Schwinge	**Preis**	3.010 Mark

MZ ES 175

Die ES 175 stellte mit kleinerer Bohrung, aber ansonsten gleicher Technik eine wirtschaftlichere Variante zur ES 250 dar. Um Gewicht und Kosten zu sparen, entfielen bei der ES 175 die massiven Seitenverkleidungen der ES 250 sowie die linke Auspuffanlage. Davon ausgehend entwickelte man die ES 250-Einport, die das Doppelportmodell schon 1957 ablöste. Die Techniker und Kalkulatoren hatten schon lange die Einportanlage gefordert, doch der Vertrieb hatte sich zunächst dagegen gesträubt. Wunsch vieler Kunden war seinerzeit ein »bulliges« Motorrad. Und dazu gehörte in den Augen vieler Kunden ein Auspuff auf jeder Seite der Maschine.

Modell:	MZ ES 175
Bauzeit:	1957 – 1962
Stückzahl:	43.222
Motorbauart:	Zweitakt mit Umkehrspülung
Zylinderzahl:	1
Kühlung:	Fahrtwind
Hubraum:	172 ccm
Bohrung x Hub:	58 x 65 mm
Leistung bei /min:	10 bei 5.000/min
max. Drehm. bei /min:	1,58 bei 3.600/min
Primärantrieb:	Räder
Getriebe:	4-Gang
Endantrieb:	gekapselte Rollenkette
Gemischaufbereitung:	Vergaser BVF N 261/0
Rahmenbauart:	Geschlossener Einrohrrahmen
Federung vorn:	Langschwinge
Federung hinten:	Schwinge
Bremsen vorn:	Vollnabe 160 mm
Bremsen hinten:	Vollnabe 160 mm
Reifen vorn:	3.25 – 16
Reifen hinten:	3.25 – 16
Tankinhalt:	16 l
Höchstgeschwindigkeit:	95 km/h
Sitzplätze:	2
Leergewicht:	146 kg
seitenwagentauglich:	nein
Preis	2.475 Mark

MZ BK 350

Die MZ BK 350 – äußerlich an den auf den Tankflanken prangenden MZ-Schwingen und Zigarrenauspufftöpfen erkennbar – stellte eine modellgepflegte IFA BK 350 dar. Doch selbst die zwei Mehr-PS glichen das im Solobetrieb nicht mehr zeitgemäße Fahrwerk nicht aus. Dazu kamen hohe Produktionskosten, so dass das Ende der BK zur Saison 1959 eingeläutet wurde. Ein Versuch, die Maschine vermittels eines neu konzipierten Vollschwingenfahrwerks als BK 351 wieder auf den Markt zu bringen, scheiterte in der Prototypenphase an den Herstellungskosten und den mit den Singles voll ausgelasteten Werkskapazitäten.

Modell:	MZ BK 350
Bauzeit:	1956 – 1958
Stückzahl:	42.398 (incl. IFA BK 350)
Motorbauart:	Zweitakt mit Umkehrspülung
Zylinderzahl:	2
Kühlung:	Fahrtwind
Hubraum:	343 ccm
Bohrung x Hub:	58 x 65 mm
Leistung bei /min:	17 bei 5.000/min
max. Drehm. bei /min:	3 bei 3400/min
Primärantrieb:	direkt
Getriebe:	4-Gang
Endantrieb:	Welle
Gemischaufbereitung:	Vergaser BVF NP 22-7
Rahmenbauart:	Geschl. Doppelrohrrahmen
Federung vorn:	Telegabel
Federung hinten:	Geradweg
Bremsen vorn:	Magnesiumvollnabe, 200 mm
Bremsen hinten:	Magnesiumvollnabe, 200 mm
Reifen vorn:	3.25 – 19
Reifen hinten:	3.25 – 19
Tankinhalt:	18l
Höchstgeschwindigkeit:	115 km/h
Sitzplätze:	2
Leergewicht:	142 kg
seitenwagentauglich:	ja
Preis	3.460 Mark

MZ
RT 125/3

In die letzte Runde ging die gute alte RT 125 als /3. Man hatte die Leistung abermals erhöht und es geschafft, im schlanken Gehäuse ein Viergangetriebe unterzubringen. Dem Zeitgeschmack – besonders im Export – kamen die optionale Bank und die Lenkerverkleidung entgegen. Der große Werkzeugkasten an der linken Seite stammte ursprünglich von der BK 350, genauso war der serienmäßige Soziussitz baugleich mit dem Beifahrersitz des Boxers. Die meistgebaute RT erfreute sich trotz des veralteten Fahrwerks bis zum letzten Tag regen Zuspruchs seitens der Käufer.

Modell:	MZ RT 125/3
Bauzeit:	1959 – 1962
Stückzahl:	143.035
Motorbauart:	Zweitakt mit Umkehrspülung
Zylinderzahl:	1
Kühlung:	Fahrtwind
Hubraum:	123 cm
Bohrung x Hub:	52 x 58 mm
Leistung bei /min:	6,5 bei 5.200/min
max. Drehm. bei /min:	0,95 bei 3.600/min
Primärantrieb:	Kette
Getriebe:	4-Gang
Endantrieb:	gekapselte Rollenkette
Gemischaufbereitung:	Vergaser BVF NP 221- 2
Rahmenbauart:	Geschlossener Einrohrrahmen
Federung vorn:	Telegabel
Federung hinten:	Geradweg
Bremsen vorn:	Vollnabe 150 mm
Bremsen hinten:	Vollnabe 150 mm
Reifen vorn:	2.75 – 19
Reifen hinten:	3.00 – 19
Tankinhalt:	11 l
Höchstgeschwindigkeit:	85 km/h
Sitzplätze:	2
Leergewicht:	109 kg
seitenwagentauglich:	nein
Preis	1.875 Mark

MZ
ES 175/1

Die ES 175 gedieh 1962 zur ES 175/1. Äußerliches Erkennungsmerkmal war die Blinkanlage an den Lenkerenden. Auch hier wurden jetzt die Hauptlager durch Getriebeöl geschmiert. Viele kleinere Änderungen, beispielsweise an der Luftfilterung oder an der Federbeinverstellung gehörten zur MZ-typischen Modellpflege. 1963 wurde die Produktion der ES 175/1 eingestellt, um aufgrund von Kundenwünschen 1964 wieder aufgenommen zu werden. Die neue ES 150 war einfacher sowie rascher zu produzieren und bot dank besserem Leistungsgewicht die gleichen Fahrleistungen. In den Punkten Fahrkomfort und Zuladung war die ES 175/1 jedoch überlegen, was sie bei campenden Pärchen beliebt machte.

Modell:	MZ ES 175/1
Bauzeit:	1962 – 1967
Stückzahl:	46.086
Motorbauart:	Zweitakt mit Umkehrspülung
Zylinderzahl:	1
Kühlung:	Fahrtwind
Hubraum:	172 ccm
Bohrung x Hub:	58 x 65 mm
Leistung bei /min:	12 bei 5.250/min
max. Drehm. bei /min:	1,7 bei 5.250/min
Primärantrieb:	Räder
Getriebe:	4-Gang
Endantrieb:	gekapselte Rollenkette
Gemischaufbereitung:	Vergaser BVF KN 1- 2 25,5
Rahmenbauart:	Geschlossener Einrohrrahmen
Federung vorn:	Langschwinge
Federung hinten:	Schwinge
Bremsen vorn:	Vollnabe 160 mm
Bremsen hinten:	Vollnabe 160 mm
Reifen vorn:	3.25 – 16
Reifen hinten:	3.50 – 16
Tankinhalt:	16 l
Höchstgeschwindigkeit:	100 km/h
Sitzplätze:	2
Leergewicht:	149 kg
seitenwagentauglich:	nein
Preis	2.865 Mark

MZ
ES 250/1

Zur Saison 1962 modernisierte MZ die ES 250. Die neue ES 250/1 bekam getriebeölgeschmierte Kurbelwellenhauptlager und eine Blinkanlage. Die Heckverkleidung mit den Packtaschen entfiel und statt 4% betrug der Ölanteil in der Mischung nur noch 3%! Mehr Farben und Chrom nebst einer sehr bequemen Sitzbank rundeten das erfreuliche Bild ab.
Mit 16 PS brachte sie nun die gleichen Fahrleistungen wie die zwei Jahre vorher eingestellte BK 350 und war für ein Jahr das Flaggschiff der MZ-Palette. In Westeuropa blieb das Modell lange unbekannt, der Motorradmarkt hier war stark rückläufig, während in der DDR noch Zuwächse zu verzeichnen waren.

Modell:	MZ ES 250/1
Bauzeit:	1962 – 1967
Stückzahl:	49.973
Motorbauart:	Zweitakter mit Umkehrspülung
Zylinderzahl:	1
Kühlung:	Fahrtwind
Hubraum:	250 ccm
Bohrung x Hub:	70 x 65 mm
Leistung bei /min:	16 PS bei 5.200/min
max. Drehm. bei /min:	2,3 mkg bei 4.000/min
Primärantrieb:	Räder
Getriebe:	4-Gang
Endantrieb:	gekapselte Rollenkette
Gemischaufbereitung:	Vergaser BVF KN 1- 1 28,5
Rahmenbauart:	Geschlossener Einrohrrahmen
Federung vorn:	Langschwinge
Federung hinten:	Schwinge
Bremsen vorn:	Vollnabe 160 mm
Bremsen hinten:	Vollnabe 160 mm
Reifen vorn:	3.25 – 16
Reifen hinten:	3.50 – 16
Tankinhalt:	16 l
Höchstgeschwindigkeit:	115 km/h
Sitzplätze:	2
Leergewicht:	153 kg
seitenwagentauglich:	ja
Preis	3.035 Mark

MZ ES 125

Einen Quantensprung in der Klasse der 125er- Alltagsmaschinen stellte 1962 die neue ES 125 von MZ dar. Nicht nur, dass sie mit der 150er Schwester gemeinsam die erste Maschine der Welt mit asymmetrischem Scheinwerferlicht (40/45 Watt) war, auch ihr Fahrgestell, das einen gefalzten Pressblechrahmen mit Federbeinträgern aus Magnesium an Front und Heck kombinierte, war Konkurrenten weit voraus. Unter den schwierigen Bedingungen des Ostblocks und besonders vieler Schwellenländer war die anspruchslose kleine MZ ein besserer Partner für den rauen Alltag als die oft komplexen Kleinmaschinen aus Japan.

Modell:	MZ ES 125
Bauzeit:	1962 – 1969
Stückzahl:	63.526
Motorbauart:	Zweitakt mit Umkehrspülung
Zylinderzahl:	1
Kühlung:	Fahrtwind
Hubraum:	123 ccm
Bohrung x Hub:	52 x 58 mm
Leistung bei /min:	8,5 PS bei 5.500/min
max. Drehm. bei /min:	1,1 mkg bei 4.000/min
Primärantrieb:	Kette
Getriebe:	4-Gang
Endantrieb:	gekapselte Rollenkette
Gemischaufbereitung:	Vergaser BVF N 22 1-1
Rahmenbauart:	Geschl. Stahlpreßrahmen mit verschraubtem Alu-Druckgußheckteil
Federung vorn:	Langschwinge
Federung hinten:	Schwinge
Bremsen vorn:	Vollnabe 150 mm
Bremsen hinten:	Vollnabe 150 mm
Reifen vorn:	3,00 – 18
Reifen hinten:	3,00 – 18
Tankinhalt:	9 l
Höchstgeschwindigkeit:	90 km/h
Sitzplätze:	2
Leergewicht:	115 kg
seitenwagentauglich:	nein
Preis	1.940 Mark

MZ ES 150

Die 150er-Version der kleinen ES war aus dem gebläsegekühlten Rollermotor entstanden, den MZ schon jahrelang an das Industriewerk Ludwigsfelde für die dort gebauten »Berlin«-Roller lieferte. Die ES 150 nutzte mit ihrem Hubraum die Motorradfahrerlaubnis der 16-Jährigen voll aus und wurde daher in der DDR ungleich häufiger verlangt als die 125er. Mit 10 PS stand sie gut im Futter, und dank ihres geringen Eigengewichts bot sie Fahrleistungen, die noch ein Jahrzehnt zuvor zur 250er-Klasse gepasst hätten. Keine deutsche Maschine vorher oder nachher sollte höhere Stückzahlen erreichen!

Modell:	MZ ES 150
Bauzeit:	1962 – 1969
Stückzahl:	190.585
Motorbauart:	Zweitakt mit Umkehrspülung
Zylinderzahl:	1
Kühlung:	Fahrtwind
Hubraum:	143 ccm
Bohrung x Hub:	56 x 58 mm
Leistung bei /min:	10 PS bei 5.500/min
max. Drehm. bei /min:	1,35 mkg bei 4.000/min
Primärantrieb:	Kette
Getriebe:	4-Gang
Endantrieb:	gekapselte Rollenkette
Gemischaufbereitung:	Vergaser BVF N 24 1-1
Rahmenbauart:	Geschl. Stahlpreßrahmen mit verschraubtem Alu-Druckgußheckteil
Federung vorn:	Langschwinge
Federung hinten:	Schwinge
Bremsen vorn:	Vollnabe 150 mm
Bremsen hinten:	Vollnabe 150 mm
Reifen vorn:	3,00 – 18
Reifen hinten:	3.00 – 18
Tankinhalt:	9 l
Höchstgeschwindigkeit:	95 km/h
Sitzplätze:	2
Leergewicht:	115 kg
seitenwagentauglich:	nein
Preis	2.090 Mark

MZ ES 300

Nach dem Produktionsende der BK 350 fehlte MZ ein drehmomentstarkes Seitenwagenmotorrad. Die ES 300 sollte die Lücke schließen. Im Grunde handelte es sich um eine ES 250/1 mit der Heckverkleidung der ES 250, anderem Vergaser und anderen Hub- und Bohrungsmassen. Die Gespannfahrer jubelten zunächst, konnten sie endlich der erlaubten 100 km/h auf der Autobahn erreichen. Doch starke Vibrationen und thermische Empfindlichkeit sorgten dafür, dass die ES 300 1965 wieder aus dem Programm fiel. Der finnische Importeur bekam 1966 auf seinen Wunsch hin nach Produktionseinstellung noch einige Hundert Stück, die speziell gefertigt wurden.

Modell:	MZ ES 300
Bauzeit:	1963 – 1965
Stückzahl:	7.786
Motorbauart:	Zweitakt mit Umkehrspülung
Zylinderzahl:	1
Kühlung:	Fahrtwind
Hubraum:	293 ccm
Bohrung x Hub:	72 x 72 mm
Leistung bei /min:	18,5 PS bei 5.200/min
max. Drehm. bei /min:	2,7 mkg bei 4.000/min
Primärantrieb:	Räder
Getriebe:	4-Gang
Endantrieb:	gekapselte Rollenkette
Gemischaufbereitung:	Vergaser BVF KN 1- 1 30
Rahmenbauart:	Geschlossener Einrohrrahmen
Federung vorn:	Langschwinge
Federung hinten:	Schwinge
Bremsen vorn:	Vollnabe 160 mm
Bremsen hinten:	Vollnabe 160 mm
Reifen vorn:	3.25 – 16
Reifen hinten:	3.50 – 16
Tankinhalt:	16 l
Höchstgeschwindigkeit:	120 km/h
Sitzplätze:	2
Leergewicht:	158 kg
seitenwagentauglich:	ja
Preis	3.385 Mark

MZ
E2 175/2

Die ES 175/2 unterschied sich durch eine verringerte Bohrung und einen kleineren Vergaser von der ES 250/2. Allerdings waren die Kurbelwellen der 175er auch anders gewuchtet. Übersetzung und Fahrleistungen der ES 175/2 entsprachen dem ES 250/2-Gespann. Gegenüber der 250er Variante lief die 175er kultivierter und sparsamer und galt daher als »Geheimtipp« für Käufer, die es nicht so eilig hatten. Mit 14 PS war der leistungsmäßige Abstand zur ES 150 wieder hergestellt.

Modell:	ES 175/2
Bauzeit:	1967 – 1972
Stückzahl:	40.500
Motorbauart:	Zweitakt mit Umkehrspülung
Zylinderzahl:	1
Kühlung:	Fahrtwind
Hubraum:	172 ccm
Bohrung x Hub:	58 x 65 mm
Leistung bei /min:	14 PS bei 5.200/min
max. Drehm. bei /min:	2,0 bei 4.900/min
Primärantrieb:	Räder
Getriebe:	4-Gang
Endantrieb:	gekapselte Rollenkette
Gemischaufbereitung:	Vergaser BVF 26 N 1-1
Rahmenbauart:	Geschlossener Einrohrrahmen
Federung vorn:	Langschwinge
Federung hinten:	Schwinge
Bremsen vorn:	Vollnabe 160 mm
Bremsen hinten:	Vollnabe 160 mm
Reifen vorn:	3.00 – 16
Reifen hinten:	3.50 – 16
Tankinhalt:	16 l
Höchstgeschwindigkeit:	110 km/h
Sitzplätze:	2
Leergewicht:	155 kg
seitenwagentauglich:	nein
Preis	2.910 Mark

MZ
ES 250/2 A

Die Militärversion der ES 250/2, die es in ähnlicher Form schon von den Vorgängermodellen ES 250 und ES 250/1 gab, unterschied sich von den Zivilvarianten, dadurch, dass grundsätzlich Sättel und keine Bank verwendet wurden. Dazu kamen ein hochgezogener Auspufftopf, eine kürzere Sekundärübersetzung, die Federn der Seitenwagenversion und typisches Zubehör wie Packtaschen und Kanisterhalter. Für Geländebetrieb war das Vollschwingenfahrwerk nicht der Weisheit letzter Schluss. Dafür war die »Trophy« hart im Nehmen und vertrug auch derbe Fahrweise.

Modell:	MZ ES 250/2 A
Bauzeit:	1967 – 1973
Stückzahl:	20.000

Motorbauart:	Zweitakt mit Umkehrspülung
Zylinderzahl:	1
Kühlung:	Fahrtwind
Hubraum:	243 ccm
Bohrung x Hub:	69 x 65 mm
Leistung bei /min:	17,5 PS bei 5.350 /min, ab 1969 19 PS bei 5.350/min
max. Drehm. bei /min:	2,6 bei 4.900/min
Primärantrieb:	Räder
Getriebe:	4-Gang
Endantrieb:	gekapselte Rollenkette
Gemischaufbereitung:	Vergaser BVF 28 N 1-1, ab 1969 28 N 1-3
Rahmenbauart:	Geschlossener Einrohrrahmen
Federung vorn:	Langschwinge
Federung hinten:	Schwinge
Bremsen vorn:	Vollnabe 160 mm
Bremsen hinten:	Vollnabe 160 mm
Reifen vorn:	3.50 – 16
Reifen hinten:	3.50 – 16
Tankinhalt:	16 l
Höchstgeschwindigkeit:	120 km/h
Sitzplätze:	2
Leergewicht:	155 kg
seitenwagentauglich:	ja
Preis	3.015 Mark

MZ
ES 250/2

Die motorischen Probleme der ES/1 und die Vibrationen der ES 300 sorgten für die Entwicklung der ES 250/2 »Trophy«, die mit breitverripptem Lichtmetallzylinder, nadelgelagertem Kolbenbolzen und einer wartungsfreien elastischen Motoraufhängung die systematische Entwicklungsarbeit bei MZ dokumentierte. Bei den alten ES-Modellen war die Kolbenbolzenlagerung bei scharfer Fahrweise stets ein Schwachpunkt gewesen, der zu manchem Motorschaden geführt hatte. Der Fahrkomfort der ES 250/2 war in der Viertelliterklasse unerreicht, noch dazu galt sie als brillante Seitenwagenmaschine. Den Namen »Trophy« erhielt die Modellreihe, weil MZ bereits mehrmals die Trophy bei der Internationalen Sechstagefahrt gewonnen hatte.

Modell:	MZ ES 250/2
Bauzeit:	1967 – 1973
Stückzahl:	128.989
Motorbauart:	Zweitakt mit Umkehrspülung
Zylinderzahl:	1
Kühlung:	Fahrtwind
Hubraum:	243 ccm
Bohrung x Hub:	69 x 65 mm
Leistung bei /min:	17,5 PS bei 5.350 /min, ab 1969 19 PS bei 5.350/min; BRD-Variante 17 PS bei 5.400/min
max. Drehm. bei /min:	2,6 bei 4.900/min
Primärantrieb:	Räder
Getriebe:	4-Gang
Endantrieb:	gekapselte Rollenkette
Gemischaufbereitung:	Vergaser BVF 28 N 1-1, ab 1969 28 N 1-3
Rahmenbauart:	Geschlossener Einrohrrahmen
Federung vorn:	Langschwinge
Federung hinten:	Schwinge
Bremsen vorn:	Vollnabe 160 mm
Bremsen hinten:	Vollnabe 160 mm
Reifen vorn:	3.00 – 16
Reifen hinten:	3.50 – 16
Tankinhalt:	16 l
Höchstgeschwindigkeit:	Bis 1969 und BRD-Variante 115 km/h, sonst 120 km/h
Sitzplätze:	2
Leergewicht:	155 kg
seitenwagentauglich:	ja
Preis:	3.015 Mark

MZ ETS 250

Als schönste MZ bezeichnen Freunde der Marke die ETS 250 »Trophy Sport«. In erster Linie verlangten die Importeure in westlichen Staaten eine sportlichere Optik der MZ-Maschinen. Daher entstand als »Verlegenheitslösung« die ETS 250 auf der technischen Basis der ES 250/2. Mit der Telegabel aus den Geländesportmaschinen von MZ, dem großen Tank und der schlanken Sitzbank war sie optisch eindeutig dem Straßensport verpflichtet.
Ab 1970 fand ein größerer Scheinwerfer Verwendung! War zunächst Rot mit schwarzen Schutzblechen die einzige Farbgebung gewesen, gab es später gelbe oder rote Maschinen, die schwarze Rahmen und silberne Schutzbleche besaßen. Alternativ war ab 1970 auch ein hoher Lenker lieferbar!

Modell:	MZ ETS 250
Bauzeit:	1969 – 1973
Stückzahl:	16.266
Motorbauart:	Zweitakt mit Umkehrspülung
Zylinderzahl:	1
Kühlung:	Fahrtwind
Hubraum:	243 ccm
Bohrung x Hub:	69 x 65 mm
Leistung bei /min:	19 PS bei 5.350/min; BRD-Variante 17 PS bei 5.400/min
max. Drehm. bei /min:	2,6 bei 4.900/min
Primärantrieb:	Räder
Getriebe:	4-Gang
Endantrieb:	gekapselte Rollenkette
Gemischaufbereitung:	Vergaser BVF 28 N 1-3
Rahmenbauart:	Geschlossener Einrohrrahmen
Federung vorn:	Teleskopgabel
Federung hinten:	Schwinge
Bremsen vorn:	Vollnabe 160 mm
Bremsen hinten:	Vollnabe 160 mm
Reifen vorn:	2.75 – 18
Reifen hinten:	3.50 – 16
Tankinhalt:	22 l
Höchstgeschwindigkeit:	120 km/h, BRD-Variante 115 km/h
Sitzplätze:	2
Leergewicht:	151 kg
seitenwagentauglich:	nein
Preis	3.280 Mark

MZ ETS 250 »Eskort«

Die Eskort entstand auf Veranlassung des Berliner Ministeriums für Staatssicherheit. Um bei repräsentativen Anlässen wie Staatsbesuchen ein passendes Motorrad für die Begleiteskorten zu haben, erhielten 60 Exemplare der ETS 250 eine Gfk-Vollverkleidung mit einem rechteckigen Wartburg-Autoscheinwerfer. Viele DDR-Ganzjahresmotorradfahrer hätten für diese Verkleidung gern einen Aufpreis bezahlt, wenn sie für die normale ETS 250 lieferbar gewesen wäre! Der leistungsgesteigerte Fünfgang-Motor aus der MZ ETS-G 5 sorgte für mehr Vortrieb. Eine entsprechende Optik mit viel Chrom und schwarzem Lack rundete das Bild ab.

Modell:	MZ ETS Eskort
Bauzeit:	1969 – 1973
Stückzahl:	60
Motorbauart:	Zweitakt mit Umkehrspülung
Zylinderzahl:	1
Kühlung:	Fahrtwind
Hubraum:	243 ccm
Bohrung x Hub:	69 x 65 mm
Leistung bei /min:	19 PS bei 5.350/min
max. Drehm. bei /min:	2,6 bei 4.900/min
Primärantrieb:	Räder
Getriebe:	5-Gang
Endantrieb:	gekapselte Rollenkette
Gemischaufbereitung:	Vergaser BVF 28 N 1-3
Rahmenbauart:	Geschlossener Einrohrrahmen
Federung vorn:	Teleskopgabel
Federung hinten:	Schwinge
Bremsen vorn:	Vollnabe 160 mm
Bremsen hinten:	Vollnabe 160 mm
Reifen vorn:	3.00 – 18
Reifen hinten:	3.50 – 16
Tankinhalt:	22 l
Höchstgeschwindigkeit:	120 km/h
Sitzplätze:	1
Leergewicht:	160 kg
seitenwagentauglich:	nein
Preis	?

MZ ETS 125

Die ETS 125 war ähnlich wie ihre große Schwester ETS 250 eine geschickte Kombination aus einem vorhandenen Fahrgestell mit Motor – hier dem der ES 125 – und der Telegabel der ETS 250. Die Gabel erhielt für die kleine ETS weichere Tragfedern. Der zierliche Tank stammte vom Simson-Kleinkraftrad Sperber und erhielt andere Kniekissen. Die Sitzbank war eines der wenigen speziell für die kleine ETS entwickelten Teile. Die Maschine gab es aufpreisfrei mit flachem oder hohen Lenker.

Modell:	MZ ETS 125
Bauzeit:	1969 – 1973
Stückzahl:	4.860
Motorbauart:	Zweitakt mit Umkehrspülung
Zylinderzahl:	1
Kühlung:	Fahrtwind
Hubraum:	123 ccm
Bohrung x Hub:	52 x 58 mm
Leistung bei /min:	10 PS bei 6.150/min
max. Drehm. bei /min:	1,25 mkg bei 5.250/min
Primärantrieb:	Kette
Getriebe:	4-Gang
Endantrieb:	gekapselte Rollenkette
Gemischaufbereitung:	Vergaser BVF 22 N 1-3
Rahmenbauart:	Geschlossener Stahlpreßrahmen mit verschraubtem Alu-Druckgußheckteil
Federung vorn:	Teleskopgabel
Federung hinten:	Schwinge
Bremsen vorn:	Vollnabe 150 mm
Bremsen hinten:	Vollnabe 150 mm
Reifen vorn:	2.75 – 18
Reifen hinten:	3.00 – 18
Tankinhalt:	9 l
Höchstgeschwindigkeit:	100 km/h
Sitzplätze:	2
Leergewicht:	117 kg
seitenwagentauglich:	nein
Preis	2.350 Mark

MZ ETS 150

Die ETS 150 war – wie ihre kleine Schwester – wahlweise mit hohem oder flachem Lenker lieferbar. Die Telegabelmaschinen kamen bei jungen Leuten besser an als die ES-Modelle. DDR-Käufer hatten jedoch das Nachsehen, da mit den ETS-Modellen in erster Linie Exportmärkte beschickt wurden. Das westdeutsche Kaufhaus Neckermann trat als Importeur der MZ-Modelle durch die ETS-Baureihe erstmals in das Bewusstsein westdeutscher Motorradfahrer.

Modell:	MZ ETS 150
Bauzeit:	1969 – 1973
Stückzahl:	14.042
Motorbauart:	Zweitakt mit Umkehrspülung
Zylinderzahl:	1
Kühlung:	Fahrtwind
Hubraum:	143 ccm
Bohrung x Hub:	56 x 58 mm
Leistung bei /min:	11,5 PS bei 6.150/min
max. Drehm. bei /min:	1,4 mkg bei 5.250/min
Primärantrieb:	Kette
Getriebe:	4-Gang
Endantrieb:	gekapselte Rollenkette
Gemischaufbereitung:	Vergaser BVF 24 N 1-3
Rahmenbauart:	Geschlossener Stahlpreßrahmen mit verschraubtem Alu-Druckgußheckteil
Federung vorn:	Teleskopgabel
Federung hinten:	Schwinge
Bremsen vorn:	Vollnabe 150 mm
Bremsen hinten:	Vollnabe 150 mm
Reifen vorn:	2.75 – 18
Reifen hinten:	3.00 – 18
Tankinhalt:	9 l
Höchstgeschwindigkeit:	105 km/h
Sitzplätze:	2
Leergewicht:	117 kg
seitenwagentauglich:	nein
Preis	2.530 Mark

MZ ES 125/1

Zeitgleich mit der Einführung der kleinen ETS-Modelle wurden auch die kleinen ES-Modelle modellgepflegt und erhielten neben der Bezeichnung »/1« den Beinamen »Trophy« auf dem Tank. Ein neu gestalteter Auspuff und ein anderer Vergaser sorgten in erster Linie für eine 15 prozentige Leistungssteigerung bei 125ern und 150ern. Sofort zu erkennen war die modellgepflegte Variante am Wegfall der Vergaserverkleidung und am scharf abgeschnitten Auspuffendstück.

Modell:	MZ ES 125/1
Bauzeit:	1969 – 1978
Stückzahl:	336.473
Motorbauart:	Zweitakt mit Umkehrspülung
Zylinderzahl:	1
Kühlung:	Fahrtwind
Hubraum:	123 ccm
Bohrung x Hub:	52 x 58 mm
Leistung bei /min:	10 PS bei 6.150/min
max. Drehm. bei /min:	1,25 mkg bei 5.250/min
Primärantrieb:	Kette
Getriebe:	4-Gang
Endantrieb:	gekapselte Rollenkette
Gemischaufbereitung:	Vergaser BVF 22 N 1-3
Rahmenbauart:	Geschlossener Stahlpreßrahmen mit verschraubtem Alu-Druckgußheckteil
Federung vorn:	Langschwinge
Federung hinten:	Schwinge
Bremsen vorn:	Vollnabe 150 mm
Bremsen hinten:	Vollnabe 150 mm
Reifen vorn:	2.75 – 18
Reifen hinten:	3.00 – 18
Tankinhalt:	9 l
Höchstgeschwindigkeit:	100 km/h
Sitzplätze:	2
Leergewicht:	115 kg
seitenwagentauglich:	nein
Preis	1.940 Mark

MZ ES 150/1

Die klassische »HuFu« war jahrzehntelang aus dem Straßenbild der DDR nicht wegzudenken. Neben den Telegabelmodellen fanden vor allem ältere Fahrer auf dem Land mit der genügsamen Maschine lange ihr Auskommen. Im Export in die westeuropäischen Länder war mit der als schrullig empfundenen Optik nicht mehr viel Staat zu machen. Auch bei der ES 150/1 entfielen die Vergaserverkleidung und die Zierlinien auf dem Tank. Der Auspuff endete nicht mehr in Zigarrenform, sondern war modisch schräg »abgeschnitten«.

Modell:	MZ ES 150/1
Bauzeit:	1969 – 1978
Stückzahl:	309.414
Motorbauart:	Zweitakt mit Umkehrspülung

Zylinderzahl:	1
Kühlung:	Fahrtwind
Hubraum:	143 ccm
Bohrung x Hub:	56 x 58 mm
Leistung bei /min:	11,5 PS bei 6.150/min
max. Drehm. bei /min:	1,4 mkg bei 5.250/min
Primärantrieb:	Kette
Getriebe:	4-Gang
Endantrieb:	gekapselte Rollenkette
Gemischaufbereitung:	Vergaser BVF 24 N 1-3
Rahmenbauart:	Geschlossener Stahlpreßrahmen mit verschraubtem Alu-Druckgußheckteil
Federung vorn:	Teleskopgabel
Federung hinten:	Schwinge
Bremsen vorn:	Vollnabe 150 mm
Bremsen hinten:	Vollnabe 150 mm
Reifen vorn:	2.75 – 18
Reifen hinten:	3.00 – 18
Tankinhalt:	9 l
Höchstgeschwindigkeit:	105 km/h
Sitzplätze:	2
Leergewicht:	115 kg
seitenwagentauglich:	nein
Preis:	2.160 Mark

MZ TS 250

Die TS 250 löste ab 1973 die ETS 250 ab und stieß mit ihrer wenig organischen Optik auf vorsichtige Kritik. Zunächst hatte man für sie auch ein modernes Triebwerk mit horizontal geteiltem Gehäuse, Öldosierpumpe und 12-Volt Lima bauen wollen. Doch das Fahrzeugkombinat genehmigte die »Investmittel« für die Fertigungsstraße in Höhe von 5-Mio DDR-Mark nicht. Daher erhielt sie das ETS 250-Triebwerk ohne die Angüsse für Vergaserverkleidung. Ein 30er anstelle des 28er Vergasers der ETS 250 sorgte bei der TS 250 für mehr Drehmoment in den oberen Drehzahlbereichen.

Modell:	MZ TS 250
Bauzeit:	1973 – 1976
Stückzahl:	110.899
Motorbauart:	Zweitakt mit Umkehrspülung
Zylinderzahl:	1
Kühlung:	Fahrtwind
Hubraum:	243 ccm
Bohrung x Hub:	69 x 65 mm
Leistung bei /min:	19 PS bei 5.350/min, BRD-Variante 17 PS bei 5.400/min
max. Drehm. bei /min:	2,6 bei 4.900/min
Primärantrieb:	Räder
Getriebe:	4-Gang
Endantrieb:	gekapselte Rollenkette
Gemischaufbereitung:	Vergaser BVF 30 N 2-3, BRD-Variante BVF N 26 3-1
Rahmenbauart:	Parallelrohr-Brückenrahmen mit angeschweißtem Heckteil
Federung vorn:	Teleskopgabel
Federung hinten:	Schwinge
Bremsen vorn:	Vollnabe 160 mm
Bremsen hinten:	Vollnabe 160 mm
Reifen vorn:	3.00 – 16
Reifen hinten:	3.50 – 16
Tankinhalt:	17,5 l (Standardvariante 12,5 l)
Höchstgeschwindigkeit:	120 km/h, BRD-Variante 115 km/h
Sitzplätze:	2
Leergewicht:	144 kg (Standardvariante 140 kg)
seitenwagentauglich:	nein, ja ab Fahrgestellnr. 3 590 802
Preis	3.220 Mark

MZ
TS 250 A

Die TS 250 war die erste MZ mit Telegabel, die auch bei der NVA zum Einsatz kam. Härtere Federn und Halter für Taschen und Kanister gehörten ebenso dazu wie der höhere und etwas kürzere Auspuff. Darüber hinaus besaß sie die Einzelsitze, die für zivile Maschinen nicht mehr lieferbar waren. Der aus dem Geländesport stammende TS-Parallelrohrrahmen erwies sich den Einrohrrahmen der Trophy-Modelle als überlegen. Das galt besonders für den Geländebetrieb, bei dem die Telegabel eindeutige Vorteile bot. Noch dazu war die TS 250 für ihre Gewichtsklasse sehr handlich.

Modell:	MZ TS 250 A
Bauzeit:	1973 – 1976
Stückzahl:	?
Motorbauart:	Zweitakt mit Umkehrspülung
Zylinderzahl:	1

Kühlung:	Fahrtwind
Hubraum:	243 ccm
Bohrung x Hub:	69 x 65 mm
Leistung bei /min:	19 PS bei 5.350/min
max. Drehm. bei /min:	2,6 bei 4.900/min
Primärantrieb:	Räder
Getriebe:	4-Gang
Endantrieb:	gekapselte Rollenkette
Gemischaufbereitung:	Vergaser BVF 30 N 2-3
Rahmenbauart:	Verstärkter Parallelrohr-Brückenrahmen mit angeschweißtem Heckteil
Federung vorn:	Teleskopgabel
Federung hinten:	Schwinge
Bremsen vorn:	Vollnabe 160 mm
Bremsen hinten:	Vollnabe 160 mm
Reifen vorn:	3.50 – 16
Reifen hinten:	3.50 – 16
Tankinhalt:	17,5 l
Höchstgeschwindigkeit:	115 km/h
Sitzplätze:	2
Leergewicht:	155 kg
seitenwagentauglich:	nein, ja ab Fahrgestellnr. 3 590 802
Preis	?

MZ TS 250 VP

Die Volkspolizei erhielt ebenfalls eine besondere Variante der TS 250. Die Beinschilder waren auch als Zubehör für Zivilmaschinen lieferbar, die Windschutzscheibe dagegen nicht. Das Funkgerät über dem Hinterrad dürfte die Fahreigenschaften der handlichen Maschine mit den kleinen 16-Zoll-Rädern nicht verbessert haben. Die »weißen Mäuse« – wie die Verkehrspolizisten in der DDR genannt wurden – konnten mit der spurtstarken TS 250 jedes Ostblock-Automobil im Sprint halten, doch der entscheidende Vorteil der Maschine gegenüber dem Auto bestand in ihrer Handlichkeit im Stadtverkehr.

Modell:	MZ TS 250 Polizei
Bauzeit:	1973 – 1976
Stückzahl:	?
Motorbauart:	Zweitakt mit Umkehrspülung
Zylinderzahl:	1
Kühlung:	Fahrtwind
Hubraum:	243 ccm
Bohrung x Hub:	69 x 65 mm
Leistung bei /min:	19 PS bei 5.350/min
max. Drehm. bei /min:	2,6 mkg bei 4.900/min
Primärantrieb:	Räder
Getriebe:	4-Gang
Endantrieb:	gekapselte Rollenkette
Gemischaufbereitung:	Vergaser BVF 30 N 2-3
Rahmenbauart:	Parallelrohr-Brückenrahmen mit angeschweißtem Heckteil
Federung vorn:	Teleskopgabel
Federung hinten:	Schwinge
Bremsen vorn:	Vollnabe 160 mm
Bremsen hinten:	Vollnabe 160 mm
Reifen vorn:	3.00 – 16
Reifen hinten:	3.50 – 16
Tankinhalt:	17,5 l
Höchstgeschwindigkeit:	115 km/h
Sitzplätze:	1
Leergewicht:	160 kg
seitenwagentauglich:	nein, ja ab Fahrgestellnr. 3 590 802
Preis	?

MZ TS 125

Als Ablösung für die ETS 125 lief ab Sommer 1973 die TS 125 vom Band. Der Federweg der Telegabel war von 145 auf 185 Millimeter angewachsen. Gleichzeitig gab es einen größeren Tank und eine Vierfach-Blinkanlage. Auch motorische Details wie die Kurbelwelle nebst oberer und unterer Pleuellagerung wurden modellgepflegt. Die für alle TS-Modelle typische Lenkungslagerung mit Radial-Rillen-kugellagern ergänzte das Bild. Die Telegabel hatte gegenüber den ETS-Modellen vier Zentimeter mehr Federweg erhalten.

Modell:	MZ TS 125	**Rahmenbauart:**	Geschlossener Stahlpreß-rahmen mit verschraubtem Alu-Druckgußheckteil
Bauzeit:	1973 – 1985		
Stückzahl:	200.000		
Motorbauart:	Zweitakt mit Umkehrspülung	**Federung vorn:**	Telskopgabel
Zylinderzahl:	1	**Federung hinten:**	Schwinge
Kühlung:	Fahrtwind	**Bremsen vorn:**	Vollnabe 150 mm
Hubraum:	123 ccm	**Bremsen hinten:**	Vollnabe 150 mm
Bohrung x Hub:	52 x 58 mm	**Reifen vorn:**	2.75 – 18
Leistung bei /min:	10 PS bei 6.150/min	**Reifen hinten:**	3.00 – 18
max. Drehm. bei /min:	1,25 mkg bei 5.250/min	**Tankinhalt:**	12,5 l
Primärantrieb:	Kette, ab Ende 1976 Duplexkette	**Höchstgeschwindigkeit:**	100 km/h
		Sitzplätze:	2
Getriebe:	4-Gang	**Leergewicht:**	114 kg
Endantrieb:	gekapselte Rollenkette	**seitenwagentauglich:**	nein
Gemischaufbereitung:	Vergaser BVF 22 N 1-3	**Preis**	2.350 Mark

MZ TS 150

Die TS 150 löste, der Logik folgend, die ETS 150 ab. Natürlich fanden sich auch hier die gleichen Änderungen wie an der TS 125. Beide Maschinen erhielten auch weichere Hinterradfedern und waren jeweils als Standard- und De Luxe-Ausführung und wahlweise mit hohem oder flachem Lenker erhältlich.

Genau wie der TS 250 gab es die TS 125 und TS 150 immer mit schwarzem Rahmen, silbernen Schutzblechen und in den Farben Rot, Blau und Gelb.

Modell:	MZ TS 150
Bauzeit:	1973 – 1985
Stückzahl:	200.000
Motorbauart:	Zweitakt mit Umkehrspülung
Zylinderzahl:	1
Kühlung:	Fahrtwind
Hubraum:	143 ccm
Bohrung x Hub:	56 x 58 mm
Leistung bei /min:	11,5 PS bei 6.150/min
max. Drehm. bei /min:	1,4 mkg bei 5.250/min

Primärantrieb:	Kette, ab 1976 Duplexkette
Getriebe:	4-Gang
Endantrieb:	gekapselte Rollenkette
Gemischaufbereitung:	Vergaser BVF 24 N 1-3
Rahmenbauart:	Geschlossener Stahlpreßrahmen mit verschraubtem Alu-Druckgußheckteil
Federung vorn:	Teleskopgabel
Federung hinten:	Schwinge
Bremsen vorn:	Vollnabe 150 mm
Bremsen hinten:	Vollnabe 150 mm
Reifen vorn:	2.75 18
Reifen hinten:	3.00 – 18
Tankinhalt:	12,5 l
Höchstgeschwindigkeit:	105 km/h
Sitzplätze:	2
Leergewicht:	114 kg
seitenwagentauglich:	nein
Preis	2.375 Mark De Luxe 2.700 Mark

MZ
TS 250/1

Die erste Serien-MZ mit Fünfganggetriebe war die TS 250/1. Die neuentwickelte stärkere Gabel verzichtete auf Führungsbuchsen und war dem immer noch populären Seitenwagenbetrieb besser gewachsen. Ein Novum bei MZ an der Gabel war die Führung der Standrohre direkt im Leichtmetall der Gleitrohre. Damit war MZ dem weltweiten konstruktiven Trend wieder auf der Spur. Das lange überfällige Fünfganggetriebe stammte aus den ETS G 5-GS-Modellen und sorgte für deutlich bessere Fahrleistungen. Noch dazu ließ es sich besser schalten und hielt länger als die alte Viergangbox.

Modell:	MZ TS 250/1
Bauzeit:	1976 – 1981
Stückzahl:	140.000
Motorbauart:	Zweitakt mit Umkehrspülung
Zylinderzahl:	1
Kühlung:	Fahrtwind
Hubraum:	243 ccm
Bohrung x Hub:	69 x 65 mm
Leistung bei /min:	19 PS bei 5.350/min; BRD-Ausführung 17 PS bei 5.400/min
max. Drehm. bei /min:	2,6 bei 4.900/min
Primärantrieb:	Räder
Getriebe:	5-Gang
Endantrieb:	gekapselte Rollenkette
Gemischaufbereitung:	Vergaser BVF 30 N 2 – 4
Rahmenbauart:	Parallelrohr-Brückenrahmen mit angeschweißtem Heckteil
Federung vorn:	Teleskopgabel
Federung hinten:	Schwinge
Bremsen vorn:	Vollnabe 160 mm
Bremsen hinten:	Vollnabe 160 m
Reifen vorn:	2.75 – 18
Reifen hinten:	3.50 – 16
Tankinhalt:	17,5 l
Höchstgeschwindigkeit:	120 km/h, BRD-Variante 115 km/h
Sitzplätze:	2
Leergewicht:	145 kg
seitenwagentauglich:	ja
Preis	De Luxe 3.322 Mark

MZ TS 250/1 A

Die TS 250/1 für die NVA erhielt neben dem üblichen Zubehör auch ein 16 Zoll-Vorderrad mit der Dimension des Hinterreifens. Die Fahreigenschaften profitierten nicht davon, aber die Lagerhaltung wurde einfacher. Die Fahrgestelle hatten für die Befestigung der Sitze andere Laschen am Rahmen, so dass ein Umbau von Bank auf Sitze und umgekehrt mit viel Aufwand verbunden ist. Im Gegensatz zu den Zivilvarianten rollten die Militärmaschinen auf Stahlfelgen, die robuster als Leichtmetallfelgen sind.

Modell:	MZ TS 250/1 A
Bauzeit:	1976 – 1981
Stückzahl:	?
Motorbauart:	Zweitakt mit Umkehrspülung
Zylinderzahl:	1
Kühlung:	Fahrtwind
Hubraum:	243 ccm
Bohrung x Hub:	69 x 65 mm
Leistung bei /min:	19 PS bei 5.350/min
max. Drehm. bei /min:	2,6 mkg bei 4.900/min
Primärantrieb:	Räder
Getriebe:	5-Gang
Endantrieb:	gekapselte Rollenkette
Gemischaufbereitung:	Vergaser BVF 30 N 2 – 4
Rahmenbauart:	Verstärkter Parallelrohr-Brückenrahmen mit angeschweißtem Heckteil
Federung vorn:	Teleskopgabel
Federung hinten:	Schwinge
Bremsen vorn:	Vollnabe 160 mm
Bremsen hinten:	Vollnabe 160 mm
Reifen vorn:	3.50 – 16
Reifen hinten:	3.50 – 16
Tankinhalt:	17,5 l
Höchstgeschwindigkeit:	120 km/h
Sitzplätze:	2
Leergewicht:	160 kg
seitenwagentauglich:	ja
Preis	?

MZ ETZ 250

Ein neuer Motor mit vier Überströmkanälen und der auf einer Taktstrasse vollautomatisch geschweißte Kastenprofilrahmen waren typisch für die Ende 1981 vorgestellte ETZ 250. Die überfällige Umstellung auf 12 Volt gewährleistete die Verwendung einer 180 Watt Drehstromlichtmaschine. 18 Zoll-Räder und der eigenwillig gestylte Tank bescherten der ETZ eine gestrecktere Linie. Für den Seitenwagenbetrieb war nun ein neuer Hauptrahmen notwendig, einfaches Umrüsten ging nicht mehr. In die westlichen Exportländer kam die ETZ 250 erst 1982, wo sie nur als »de Luxe« ausgeliefert wurde.

Modell:	MZ ETZ 250 Standard
Bauzeit:	1981 – 1989
Stückzahl:	239.417
Motorbauart:	Zweitakt mit Umkehrspülung
Zylinderzahl:	1
Kühlung:	Fahrtwind
Hubraum:	243 ccm
Bohrung x Hub:	69 x 65 mm
Leistung bei /min:	21 PS bei 5.500/min
max. Drehm. bei /min:	2,8 mkg bei 5.400/min
Primärantrieb:	Räder
Getriebe:	5-Gang
Endantrieb:	gekapselte Rollenkette
Gemischaufbereitung:	Vergaser BVF 30 N 2 – 5
Rahmenbauart:	Zentralkastenrahmen mit angeschweißtem Heckteil
Federung vorn:	Teleskopgabel
Federung hinten:	Schwinge
Bremsen vorn:	Vollnabe 160 mm
Bremsen hinten:	Vollnabe 160 m
Reifen vorn:	2.75 – 18
Reifen hinten:	3.50 – 18
Tankinhalt:	17,5 l
Höchstgeschwindigkeit:	125 km/h
Sitzplätze:	2
Leergewicht:	153 kg
seitenwagentauglich:	nur mit spez. Hauptrahmen
Preis	4.005 Mark

MZ ETZ 250 »de Luxe«

Das de Luxe-Modell prunkte mit einer 280er Scheibenbremse, die zunächst von Brembo kam und später einer MZ-eigenen Entwicklung wich. Dazu kam ein verchromtes Schutzblech über dem Vorderrad und bei Versionen für den West-Export eine Öldosierpumpe, deren praktischer Wert aber eher gering war. In Westdeutschland, wo der Import seit 1983 der Motorrad-Zubehörkette »Hein Gericke« oblag, gab es die ETZ-Modelle nur in der de-Luxe-Version. Der Marktanteil von MZ blieb trotz besonderer Verkaufsaktionen mit besser ausgestatteten Sondermodellen in der BRD allerdings bei nur einem Prozent.

Modell:	MZ ETZ 250 Export/Luxus
Bauzeit:	1981 – 1989
Stückzahl:	?
Motorbauart:	Zweitakt mit Umkehrspülung
Zylinderzahl:	1
Kühlung:	Fahrtwind
Hubraum:	243 ccm
Bohrung x Hub:	69 x 65 mm
Leistung bei /min:	21 PS bei 5.500/min; BRD-Ausführung 17 PS bei 5.000/min
max. Drehm. bei /min:	2,8 mkg bei 5.400/min; BRD-Ausführung 2,5 mkg bei 4.500/min
Primärantrieb:	Räder
Getriebe:	5-Gang
Endantrieb:	gekapselte Rollenkette
Gemischaufbereitung:	Vergaser BVF 30 N 2 –5
Rahmenbauart:	Zentralkastenrahmen mit angeschweißtem Heckteil
Federung vorn:	Teleskopgabel
Federung hinten:	Schwinge
Bremsen vorn:	Scheibenbremse 280 mm
Bremsen hinten:	Vollnabe 160 mm
Reifen vorn:	2.75 – 18
Reifen hinten:	3.50 – 18
Tankinhalt:	17,5 l
Höchstgeschwindigkeit:	125 km/h, BRD-Ausführung 115 km/h
Sitzplätze:	2
Leergewicht:	155 kg
seitenwagentauglich:	nur mit spez. Hauptrahmen
Preis	2.264 Mark

MZ
ETZ 250 VP

Nägel mit Köpfen machten die MZ-Entwickler mit dem Polizei-Funkkrad auf ETZ 250-Basis. Die aerodynamisch optimierte Verkleidung in Verbindung mit dem Hilfsrahmen für Funk- und Gepäckkoffer machte Schluss mit den TS-Provisorien der VP. Interessanterweise erhielt das Funkkrad die 13 kW-Drosselung mittels längerem Krümmer und kleinerer Hauptdüse, die ansonsten für die BRD-Ausführung vorgesehen war. Die Verkleidung war im Windkanal entwickelt worden und bot perfekten Wetterschutz.

Modell:	MZ ETZ 250 Polizei/Funkkrad
Bauzeit:	1981 – 1989
Stückzahl:	?
Motorbauart:	Zweitakt mit Umkehrspülung
Zylinderzahl:	1
Kühlung:	Fahrtwind
Hubraum:	243 ccm
Bohrung x Hub:	69 x 65 mm
Leistung bei /min:	17 PS bei 5.000/min
max. Drehm. bei /min:	2,5 mkg bei 4.500/min
Primärantrieb:	Räder
Getriebe:	5-Gang
Endantrieb:	gekapselte Rollenkette
Gemischaufbereitung:	Vergaser BVF 30 N 2 – 5
Rahmenbauart:	Zentralkastenrahmen mit angeschweißtem Heckteil
Federung vorn:	Teleskopgabel
Federung hinten:	Schwinge
Bremsen vorn:	Scheibenbremse 280 mm
Bremsen hinten:	Vollnabe 160 mm
Reifen vorn:	2.75 – 18
Reifen hinten:	3.50 – 18
Tankinhalt:	17,5 l
Höchstgeschwindigkeit:	115 km/h
Sitzplätze:	1
Leergewicht:	160 kg
seitenwagentauglich:	nein
Preis:	?

MZ ETZ 250 A

Auch die Soldaten der NVA kamen in den Genuss der Scheibenbremse. Das 18er-Vorderrad wurde bei dieser Version mit einer breiteren Felge ausgerüstet und 3.50 – 18 bereift. Sonst fanden sich die üblichen Ausstattungsdetails an dieser Maschine. Die Einzelsitze saßen auf einem Hilfsrahmen, der mit dem normalen Fahrzeugrahmen verschraubt war. Endlich verfügte die ETZ über eine Seitenstütze in Höhe des Fahrers und klappbare Fahrerrasten. Nur Stollenreifen, die gab es immer noch nicht.

Modell:	MZ ETZ 250 A
Bauzeit:	1981 – 1989
Stückzahl:	?
Motorbauart:	Zweitakt mit Umkehrspülung
Zylinderzahl:	1
Kühlung:	Fahtwind
Hubraum:	243 ccm
Bohrung x Hub:	69 x 65 mm
Leistung bei /min:	21 PS bei 5.000/min
max. Drehm. bei /min:	2,8 mkg bei 5.400/min
Primärantrieb:	Räder
Getriebe:	5-Gang
Endantrieb:	gekapselte Rollenkette
Gemischaufbereitung:	Vergaser BVF 30 N 2 - 5
Rahmenbauart:	Zentralkastenrahmen mit angeschweißtem Heckteil
Federung vorn:	Teleskopgabel
Federung hinten:	Schwinge
Bremsen vorn:	Scheibenbremse 280 mm
Bremsen hinten:	Vollnabe 160 m
Reifen vorn:	3.50 – 18
Reifen hinten:	3.50 – 18
Tankinhalt:	17,5 l
Höchstgeschwindigkeit:	125 km/h
Sitzplätze:	2
Leergewicht:	160 kg
seitenwagentauglich:	nein
Preis	?

MZ ETZ 125

1985 wurde endlich die »Oma« TS in Rente geschickt, ihre Nachfolge trat die ETZ 125 an. Bei dieser hatte man die Konstruktionsprinzipien der ETZ 250 unter Beibehaltung vieler Bauteile wie der gesamten Frontpartie auf die zierliche Achtelliter-Maschine übertragen. Zentralkastenrahmen und Fünfganggetriebe waren Merkmale dieser neuen, vom Designer-Duo Dietel/Rudolph gestalteten Maschine. Der neue, automatisch geschweißte Rahmen brachte auf der Straße spürbar weniger Verwindung ins Spiel als der alte, gefalzte ES/TS-Rahmen.

Modell:	MZ ETZ 125
Bauzeit:	1985 – 1991
Stückzahl:	34.381
Motorbauart:	Zweitakt mit Umkehrspülung
Zylinderzahl:	1
Kühlung:	Fahrtwind
Hubraum:	123 ccm
Bohrung x Hub:	52 x 58 mm
Leistung bei /min:	10,2 PS bei 5.800/min
max. Drehm. bei /min:	1,3 mkg bei 5.500/min
Primärantrieb:	Duplexkette
Getriebe:	5-Gang
Endantrieb:	gekapselte Rollenkette
Gemischaufbereitung:	Vergaser BVF 22 N 2 – 1
Rahmenbauart:	Zentralkastenrahmen mit angeschweißtem Heckteil
Federung vorn:	Teleskopgabel
Federung hinten:	Schwinge
Bremsen vorn:	Bremsscheibe 280, Standardausführung auf Sonderwunsch: Vollnabe 160 mm
Bremsen hinten:	Vollnabe 160 mm
Reifen vorn:	2.75 – 18
Reifen hinten:	3.25 – 16
Tankinhalt:	13 l
Höchstgeschwindigkeit:	100 km/h
Sitzplätze:	2
Leergewicht:	110 kg, Standardausführung mit Trommelbremse 106 kg
seitenwagentauglich:	nein
Preis	?

MZ ETZ 150

Das Erscheinen der ETZ 150 anstelle der TS 150 wurde allgemein begrüßt. Ein gegenüber der TS-Baureihe verbessertes Fahrverhalten ging mit der in der DDR sehr beliebten, gemäßigten Enduro-Optik einher.
Wie ehedem wurde in der DDR fast nur die 150cm³-Variante verkauft, die 125er gingen meist in den Export. Die Standard-Variante präsentierte sich schmucklos mit Trommelbremse, normalen Querschnittsreifen und ohne Drehzahlmesser. Gegen Ende der Bauzeit wurde der Übergang fließend, Scheibenbremse und Drehzahlmesser waren – wie abgebildet – auch am 89er Standardmodell zu finden.

Modell:	MZ ETZ 150 Standard
Bauzeit:	1985 – 1991
Stückzahl:	198.016
Motorbauart:	Zweitakt mit Umkehrspülung
Zylinderzahl:	1
Kühlung:	Fahrtwind
Hubraum:	143 ccm
Bohrung x Hub:	52 x 58 mm
Leistung bei /min:	12,2 PS bei 5.800/min
max. Drehm. bei /min:	1,55 mkg bei 5.500/min
Primärantrieb:	Duplexkette
Getriebe:	5-Gang
Endantrieb:	gekapselte Rollenkette
Gemischaufbereitung:	Vergaser BVF 22 N 2 – 1
Rahmenbauart:	Zentralkastenrahmen mit angeschweißtem Heckteil
Federung vorn:	Teleskopgabel
Federung hinten:	Schwinge
Bremsen vorn:	Vollnabe 160 mm
Bremsen hinten:	Vollnabe 160 mm
Reifen vorn:	2.75 – 18
Reifen hinten:	3.25 – 16
Tankinhalt:	12,5 l
Höchstgeschwindigkeit:	105 km/h
Sitzplätze:	2
Leergewicht:	106 kg
seitenwagentauglich:	nein
Preis	3.240 Mark

MZ ETZ 150 de Luxe

Die ETZ 150 de Luxe wartete generell mit Chrom, einem Drehzahlmesser, der Scheibenbremse und in der Exportversion mit der Mikuni-Ölpumpe für die Getrenntschmierung auf. Eine leistungsgesteigerte Version mit 14,3 anstelle der üblichen 12,5 PS war ebenfalls im Angebot. Spritverbrauch, Drehzahlniveau und Lebensdauer sprachen jedoch für die Anschaffung der 12,5 PS-Variante. In die BRD wurde nur die »de Luxe«, gedrosselt auf 7 kW/10 PS, exportiert. Die verkauften Stückzahlen auf dem westdeutschen Markt blieben immer deutlich unter denen der 250er.

Modell:	MZ ETZ 150 Export/ leistungsgesteigert
Bauzeit:	1985 – 1991
Stückzahl:	?
Motorbauart:	Zweitakt mit Umkehrspülung
Zylinderzahl:	1
Kühlung:	Fahrtwind
Hubraum:	143 ccm
Bohrung x Hub:	52 x 58 mm
Leistung bei /min:	14,3 PS bei 6.500/min; BRD-Ausführung 10,5 PS bei 5.800/min
max. Drehm. bei /min:	1,6 mkg bei 6.300/min; BRD-Ausführung 1,6 mkg bei 5.800/min
Primärantrieb:	Duplexkette
Getriebe:	5-Gang
Endantrieb:	gekapselte Rollenkette
Gemischaufbereitung:	Vergaser BVF 22 N 2 – 1
Rahmenbauart:	Zentralkastenrahmen mit angeschweißtem Heckteil
Federung vorn:	Teleskopgabel
Federung hinten:	Schwinge
Bremsen vorn:	Scheibenbremse 280 mm
Bremsen hinten:	Vollnabe 160 mm
Reifen vorn:	2.75 – 18
Reifen hinten:	3.25 – 16
Tankinhalt:	12,5 l
Höchstgeschwindigkeit:	110 km/h, BRD-Ausführung 100 km/h
Sitzplätze:	2
Leergewicht:	110 kg
seitenwagentauglich:	nein
Preis	De Luxe 4.375 Mark

MZ ETZ 251

Nachdem man gemerkt hatte, dass die ETZ 150 ein wesentlich handlicheres Fahrverhalten bei mehr Sitzbequemlichkeit und geringerer Masse als die ETZ 250 bot, gelang es den MZ-Entwicklern den großen Motor in das kompakte, aber verstärkte Fahrgestell zu integrieren. Schwierig war es, die großvolumige Auspuffanlage zu integrieren, so dass die ETZ 251 schließlich einen anderen Zylinder, Krümmer und Auspufftopf als die ETZ 250 aufwies. Noch 1988 erschien die ETZ 251. Standardvarianten blieben sehr rar und wurden ausstattungsmäßig oft mit einer Scheibenbremse aufgewertet.

Modell:	MZ ETZ 251 Standard
Bauzeit:	1989 – 1991
Stückzahl:	68.259
Motorbauart:	Zweitakt mit Umkehrspülung

Zylinderzahl:	1
Kühlung:	Fahrtwind
Hubraum:	243 ccm
Bohrung x Hub:	69 x 65 mm
Leistung bei /min:	21 PS bei 5.500/min
max. Drehm. bei /min:	2,8 mkg bei bei 5.400/min
Primärantrieb:	Räder
Getriebe:	5-Gang
Endantrieb:	gekapselte Rollenkette
Gemischaufbereitung:	Vergaser BVF 30 N 3 – 1
Rahmenbauart:	Zentralkastenrahmen mit angeschweißtem Heckteil
Federung vorn:	Teleskopgabel
Federung hinten:	Schwinge
Bremsen vorn:	Vollnabe 160 mm
Bremsen hinten:	Vollnabe 160 mm
Reifen vorn:	2.75 – 18
Reifen hinten:	3.25 – 16
Tankinhalt:	17,5 l
Höchstgeschwindigkeit:	110 km/h
Sitzplätze:	2
Leergewicht:	141 kg
seitenwagentauglich:	nur mit spez. Hauptrahmen
Preis	?

MZ ETZ 251 de Luxe

Die de Luxe-Version der ETZ 251 besaß nun auch in der DDR-Variante die von den Kunden gewünschte Ölpumpe und – was wichtiger war – eine elektronische Zündanlage, die seit 1987 schon in der ETZ 250 de Luxe verbaut worden war. Neu entwickelte Niederquerschnittsreifen von Pneumant ließen die de Luxe etwas satter auf der Straße liegen. In Westdeutschland, der alten BRD, fungierte seit 1988 die Firma Röth in Hammelbach als Importeur für Simson und MZ. Das Engagement der Firma Röth – die in den 60ern Moto Guzzi und in den 70er Suzuki in der Bundesrepublik populär gemacht hatte – endete durch Wende und Wiedervereinigung.

Modell:	MZ ETZ 251 deLuxe/Export
Bauzeit:	1989 – 1991
Stückzahl:	68.259

Motorbauart:	Zweitakt mit Umkehrspülung
Zylinderzahl:	1
Kühlung:	Fahrtwind
Hubraum:	243 ccm
Bohrung x Hub:	69 x 65 mm
Leistung bei /min:	21 PS bei 5.500/min, BRD-Variante 17 PS bei 5.000/min
max. Drehm. bei /min:	2,8 bei 5.400/min, BRD-Variante 2,5 mkg bei 4.500/min
Primärantrieb:	Räder
Getriebe:	5-Gang
Endantrieb:	gekapselte Rollenkette
Gemischaufbereitung:	Vergaser BVF 30 N 3 – 1
Rahmenbauart:	Zentralkastenrahmen mit angeschweißtem Heckteil
Federung vorn:	Teleskopgabel
Federung hinten:	Schwinge
Bremsen vorn:	Scheibenbremse 280 mm
Bremsen hinten:	Vollnabe 160 mm
Reifen vorn:	90/90 – 18
Reifen hinten:	110/80 – 16
Tankinhalt:	17,5 l
Höchstgeschwindigkeit:	125 km/h
Sitzplätze:	2
Leergewicht:	145 kg
seitenwagentauglich:	nur mit spez. Hauptrahmen nein
Preis	5.210 Mark

MZ ETZ 301

Kräftig und auf engen Bergstrecken ein Superbike-Schreck war die leichte ETZ 301, die aus der ETZ 251 mittels Aufbohren hervorgegangen war. 1989 war – wie bei der ETZ 251 – noch die Heckgestaltung zugunsten längerer Federbeine und damit auch Federwege verändert worden. Das geänderte Rahmenheck war am kurzen kantigen Schutzblech und der rechteckigen Rückleuchte zu identifizieren. Zylinder und Kolben der 301 waren beliebte Umbauteile, mit dem einem ETZ 251-Gespann zu mehr Drehmoment verholfen werden konnte.

Modell:	MZ ETZ 301
Bauzeit:	1990 – 1991
Stückzahl:	2.223
Motorbauart:	Zweitakt mit Umkehrspülung
Zylinderzahl:	1
Kühlung:	Fahrtwind
Hubraum:	243 ccm
Bohrung x Hub:	69 x 65 mm
Leistung bei /min:	23 PS bei 5.500/min
max. Drehm. bei /min:	3 mkg bei 5.200/mtn
Primärantrieb:	Räder
Getriebe:	5-Gang
Endantrieb:	gekapselte Rollenkette
Gemischaufbereitung:	Vergaser BVF 30 N 3 – 1
Rahmenbauart:	Zentralkastenrahmen mit angeschweißtem Heckteil
Federung vorn:	Teleskopgabel
Federung hinten:	Schwinge
Bremsen vorn:	Scheibenbremse 280 mm
Bremsen hinten:	Vollnabe 160 mm
Reifen vorn:	90/90 – 18
Reifen hinten:	110/80 – 16
Tankinhalt:	17,5 l
Höchstgeschwindigkeit:	135 km/h
Sitzplätze:	2
Leergewicht:	145 kg
seitenwagentauglich:	nur mit spez. Hauptrahmen
Preis	4.410 D-Mark

MZ 500 R

Schon zu DDR-Zeiten in erster Linie als Polizei- und Eskortenmotorrad angeregt, erschien 1991 die MZ 500 R, die den bewährten Rotax-Einbaumotor mit dem modifizierten Fahrgestell der ETZ 251/301 verband. Ein eigener Motor mit ebenfalls vier Ventilen pro Brennraum war zwar fertig entwickelt, doch bei den geringen konzipierten Stückzahlen war der Einkauf eines Triebwerkes naheliegender und wirtschaftlich sinnvoller. Die Platzverhältnisse machten den Technikern sehr zu schaffen, und auch die Leistung litt unter dem gewinkelten Ansaugstutzen. Die Prototypen wiesen noch Speichenräder und eine Doppelrohrauspuffanlage auf, die in der Serie einem Auspuff und Grimeca-Gussrädern wichen.

Modell:	MZ 500 R
Bauzeit:	1991 – 1992
Stückzahl:	1.036
Motorbauart:	ohc-Viertakt mit vier Ventilen pro Brennraum
Zylinderzahl:	1
Kühlung:	Fahrtwind
Hubraum:	494 ccm
Bohrung x Hub:	89 x 79,4 mm
Leistung bei /min:	27 PS bei 6.500/min
max. Drehm. bei /min:	3,3 mkg bei 4.500/min
Primärantrieb:	Räder
Getriebe:	5-Gang
Endantrieb:	gekapselte Rollenkette
Gemischaufbereitung:	Vergaser Dell 'Orto Rundschieber 34 mm
Rahmenbauart:	Zentralkastenrahmen mit angeschweißtem Heckteil
Federung vorn:	Teleskopgabel
Federung hinten:	Schwinge
Bremsen vorn:	Scheibenbremse 280 mm
Bremsen hinten:	Vollnabe 160 mm
Reifen vorn:	90/90 – 18
Reifen hinten:	110/80 – 16
Tankinhalt:	17 l
Höchstgeschwindigkeit:	150 km/h
Sitzplätze:	2
Leergewicht:	157 kg
seitenwagentauglich:	nur mit spez. Rahmenunterzug
Preis	6.750 D-Mark

MZ ETZ 251 Tour

Zu DDR-Zeiten hätten sich die Kunden vermutlich über die modische Optik der Tour gefreut. Doch nach der Wende scheiterte der Versuch, die ETZ-Baureihe optisch zu modernisieren, am geringen Kundeninteresse. Italienische Zulieferteile – oft in poppigen Farben – lösten die DDR-Bauteile ab. Doch die Verkaufszahlen blieben nach wie vor gering. Ein riesiges Gebrauchtmaschinenangebot zu minimalen Preisen ließ den Neukauf einer MZ unattraktiv erscheinen. Im guten Zustand ist eine Tour schon ein Tipp für Sammler.

Modell:	MuZ ETZ 251 Tour
Bauzeit:	1992 – 1994
Stückzahl:	?
Motorbauart:	Zweitakt mit Umkehrspülung
Zylinderzahl:	1
Kühlung:	Fahrtwind
Hubraum:	243 ccm
Bohrung x Hub:	69 x 65 mm
Leistung bei /min:	17 PS bei 5.000/min
max. Drehm. bei /min:	2,5 mkg bei 4.500/min
Primärantrieb:	Räder
Getriebe:	5-Gang
Endantrieb:	gekapselte Rollenkette
Gemischaufbereitung:	Vergaser Bing-Rundschieber 30 mm
Rahmenbauart:	Zentralkastenrahmen mit angeschweißtem Heckteil
Federung vorn:	Teleskopgabel
Federung hinten:	Schwinge
Bremsen vorn:	Scheibenbremse 280 mm
Bremsen hinten:	Vollnabe 160 mm
Reifen vorn:	90/90 – 18
Reifen hinten:	110/80 – 16
Tankinhalt:	17 l
Höchstgeschwindigkeit:	115 km/h
Sitzplätze:	2
Leergewicht:	145 kg
seitenwagentauglich:	ja
Preis	4.350 D-Mark

MZ ETZ 301 Tour

Die 300er Variante stieß auch nicht auf mehr Gegenliebe bei den Kunden als die 250er-Variante. Die gebauten Stückzahlen dieser MZ dürften bei unter 100 Exemplaren liegen. Westliche Zulieferteile ersetzten auch hier DDR-Produkte. So kamen die Gussräder von Grimeca aus Italien und die Vergaser von Bing in Nürnberg. Die Instrumente lieferte CEV, doch der nun elektronische Drehzahlmesser neigte massiv zu Defekten. Wenig Klagen gab es dafür über die Schalterelemente, die in gleicher Form bei Ducati oder Honda zu finden waren.

Modell:	MuZ ETZ 301 Tour
Bauzeit:	1992 – 1994
Stückzahl:	?
Motorbauart:	Zweitakt mit Umkehrspülung
Zylinderzahl:	1
Kühlung:	Fahrtwind
Hubraum:	243 ccm
Bohrung x Hub:	69 x 65 mm
Leistung bei /min:	23 PS bei 5.500/min
max. Drehm. bei /min:	3 mkg bei 5.200/min
Primärantrieb:	Räder
Getriebe:	5-Gang
Endantrieb:	gekapselte Rollenkette
Gemischaufbereitung:	Vergaser Bing-Rundschieber 30 mm
Rahmenbauart:	Zentralkastenrahmen mit angeschweißtem Heckteil
Federung vorn:	Teleskopgabel
Federung hinten:	Schwinge
Bremsen vorn:	Scheibenbremse 280 mm
Bremsen hinten:	Vollnabe 160 mm
Reifen vorn:	90/90 – 18
Reifen hinten:	110/80 – 16
Tankinhalt:	17 l
Höchstgeschwindigkeit:	135 km/h
Sitzplätze:	2
Leergewicht:	145 kg
seitenwagentauglich:	ja
Preis	4.610 D-Mark

MZ ETZ 251 Tour

Mit rahmenfester Halbverkleidung und dem großen Tank war die Fun 251 sicherlich die reisetauglichste Maschine der 13 kW-Klasse. Trotz günstiger Verkaufspreise schlug aber auch diese Maschine auf dem Markt nicht ein. Generell war der Markt für 13 kW/17-PS-Maschinen in der Bundesrepublik praktisch tot – noch nicht einmal japanische Hersteller engagierten sich noch in diesem Segment. Selbst blutige Anfänger ohne 50 ccm-Erfahrung waren und sind der Meinung, mindestens 500 ccm, 25 kW und 170 kg zwischen den Schenkeln haben zu müssen.

Modell:	MuZ ETZ 251 Fun
Bauzeit:	1992 – 1994
Stückzahl:	?
Motorbauart:	Zweitakt mit Umkehrspülung

Zylinderzahl:	1
Kühlung:	Fahrtwind
Hubraum:	243 ccm
Bohrung x Hub:	69 x 65 mm
Leistung bei /min:	17 PS bei 5.000/min
max. Drehm. bei /min:	2,5 mkg bei 4.500/min
Primärantrieb:	Räder
Getriebe:	5-Gang
Endantrieb:	gekapselte Rollenkette
Gemischaufbereitung:	Vergaser Bing Rundschieber 30 mm
Rahmenbauart:	Zentralkastenrahmen mit angeschweißtem Heckteil
Federung vorn:	Teleskopgabel
Federung hinten:	Schwinge
Bremsen vorn:	Scheibenbremse 280 mm
Bremsen hinten:	Vollnabe 160 mm
Reifen vorn:	90/90 – 18
Reifen hinten:	110/80 – 16
Tankinhalt:	24 l
Höchstgeschwindigkeit:	115 km/h
Sitzplätze:	2
Leergewicht:	150 kg
seitenwagentauglich:	ja
Preis	4.650 D-Mark

MZ ETZ 301 Fun

Die Fun 301 war eine der ersten MZ, deren Fußrasten modisch, aber sturzgefährdet an Leichtmetallgussträgern verschraubt waren. Die »Baustahl«-Rasten der alten Modellgenerationen ließen sich nach einem Rutscher stets wieder geradebiegen, während die Alu-Träger spontan brechen konnten, wenn das Motorrad darauf fiel. Positiv für Langstreckler war zweifelsfrei der große Tank mit 24 Litern Inhalt, der speziell im Seitenwagenbetrieb seine Meriten hatte. Funktional, simpel und dabei keineswegs lahm, war die Tour 301 ein pragmatisches Motorrad, für das es in Westeuropa aber nur einen kleinen Markt und in Osteuropa nicht genug harte D-Mark gab.

Modell:	MuZ ETZ 301 Fun
Bauzeit:	1992 – 1994
Stückzahl:	?
Motorbauart:	Zweitakt mit Umkehrspülung
Zylinderzahl:	1
Kühlung:	Fahrtwind
Hubraum:	243 ccm
Bohrung x Hub:	69 x 65 mm
Leistung bei /min:	23 PS bei 5.500/min
max. Drehm. bei /min:	3 mkg bei 5.200/min
Primärantrieb:	Räder
Getriebe:	5-Gang
Endantrieb:	gekapselte Rollenkette
Gemischaufbereitung:	Vergaser Bing Rundschieber 30 mm
Rahmenbauart:	Zentralkastenrahmen mit angeschweißtem Heckteil
Federung vorn:	Teleskopgabel
Federung hinten:	Schwinge
Bremsen vorn:	Scheibenbremse 280 mm
Bremsen hinten:	Vollnabe 160 mm
Reifen vorn:	90/90 – 18
Reifen hinten:	110/80 – 16
Tankinhalt:	24 l
Höchstgeschwindigkeit:	135 km/h
Sitzplätze:	2
Leergewicht:	150 kg
seitenwagentauglich:	ja
Preis	4.910 D-Mark

MZ 500 Tour

Ähnlich wie bei den Zweitaktern bot man auch die Halblitervariante mit modisch wirkenden Optikteilen an. Die sehr handliche und fahrsichere 500er litt unter Abstimmungsproblemen, die aus einer umweltfreundlich mageren Abstimmung des Vergasers resultierten. Engagierte Händler entwickelten illegale, aber wirkungsvolle Kits für Vergaser und Luftfilter, um das Problem zu beseitigen. Überdies gab und gibt es für den Rotax-Motor jede Menge Tuningteile aus dem Geländesport, so dass engagierte Tüftler die Motorleistung in ungeahnte Höhen treiben können. Probleme gab es bei den ersten Serien der Rotax-MZ mit den Anlasserfreiläufen, die mittlerweile aber alle ausgetauscht sein dürften.

Modell:	MuZ 500 Tour
Bauzeit:	1992 – 1994
Stückzahl:	?
Motorbauart:	ohc-Viertakt mit vier Ventilen pro Brennraum
Zylinderzahl:	1
Kühlung:	Fahrtwind
Hubraum:	494 ccm
Bohrung x Hub:	89 x 79,4 mm
Leistung bei /min:	27 PS bei 6.500/min
max. Drehm. bei /min:	3,4 mkg bei 4.500/min
Primärantrieb:	Räder
Getriebe:	5-Gang
Endantrieb:	gekapselte Rollenkette
Gemischaufbereitung:	Vergaser Dell 'Orto Rundschieber 34 mm
Rahmenbauart:	Zentralkastenrahmen mit angeschweißtem Heckteil
Federung vorn:	Teleskopgabel
Federung hinten:	Schwinge
Bremsen vorn:	Scheibenbremse 280 mm
Bremsen hinten:	Vollnabe 160 mm
Reifen vorn:	90/90 – 18
Reifen hinten:	110/80 – 16
Tankinhalt:	17 l
Höchstgeschwindigkeit:	150 km/h
Sitzplätze:	2
Leergewicht:	157 kg
seitenwagentauglich:	nur mit speziellem Rahmenunterzug
Preis	6.950 D-Mark

MZ 500 Fun

Eine gute Basis für ein leichtes Gespann bildete die 500er Fun. Der große Tank reichte bei ruhiger Fahrweise der Solomaschine für runde 600 km. Die handliche Maschine wurde sehr gern mit Velorex- oder MZ-Super Elastic-Seitenwagen kombiniert. Für den Umbau benötigte man Anschlussteile, härtere Federn und einen anderen Rahmenunterzug. Leider waren die Grimeca-Gussräder nicht seitenwagentauglich. Daher waren Speichenräder ein Muss. Oft wurden die Räder gleich vorn mit einer 16er und hinten mit einer 15er Felge eingespeicht, auf die dann vorn ein Motorradreifen und hinten ein PKW-Gürtelreifen aufgezogen wurde.

Modell:	MuZ 500 Fun
Bauzeit:	1992 – 1994
Stückzahl:	?
Motorbauart:	ohc-Vierfach mit vier Ventilen pro Brennraum

Zylinderzahl:	1
Kühlung:	Fahrtwind
Hubraum:	494 ccm
Bohrung x Hub:	89 x 79,4 mm
Leistung bei /min:	27 PS bei 6.500/min
max. Drehm. bei /min:	3,4 mkg bei 4.500/min
Primärantrieb:	Räder
Getriebe:	5-Gang
Endantrieb:	gekapselte Rollenkette
Gemischaufbereitung:	Vergaser Dell 'Orto Rundschieber 34 mm
Rahmenbauart:	Zentralkastenrahmen mit angeschweißtem Heckteil
Federung vorn:	Teleskopgabel
Federung hinten:	Schwinge
Bremsen vorn:	Scheibenbremse 280 mm
Bremsen hinten:	Vollnabe 160 mm
Reifen vorn:	90/90 – 18
Reifen hinten:	110/80 – 16
Tankinhalt:	24 l
Höchstgeschwindigkeit:	150 km/h
Sitzplätze:	2
Leergewicht:	165 kg
seitenwagentauglich:	nur mit speziellem Rahmenunterzug
Preis	7.100 D-Mark

MZ 500 Polizei

Sachsens Ordnungshüter war die erste deutschen Landes-Polizei, die eine Viertakt-MZ als Dienstfahrzeug erhielt. Bayern und andere Bundesländer zogen nach. Im Vergleich zur sonst angeschafften BMW K 75 RT war die MZ wesentlich handlicher und kostete nur etwas mehr als die Hälfte. Auch beim ADAC fanden Behörden-Varianten der MZ 500 Fun mit wetterschützender Vollverkleidung als Stauberater Verwendung. Mittlerweile dürften die ersten dieser Fahrzeuge zur Ausmusterung über die VEBEG in Frankfurt/Main anstehen.

Modell:	MuZ 500 R Polizei
Bauzeit:	1992 – 1994
Stückzahl:	?
Motorbauart:	ohc-Viertakt mit vier Ventilen pro Brennraum
Zylinderzahl:	1
Kühlung:	Fahrtwind
Hubraum:	494 ccm
Bohrung x Hub:	89 x 79,4 mm
Leistung bei /min:	27 PS bei 6.500/min
max. Drehm. bei /min:	3,4 mkg bei 4.500/min
Primärantrieb:	Räder
Getriebe:	5-Gang
Endantrieb:	gekapselte Rollenkette
Gemischaufbereitung:	Vergaser Dell 'Orto Rundschieber 34 mm
Rahmenbauart:	Zentralkastenrahmen mit angeschweißtem Heckteil
Federung vorn:	Teleskopgabel
Federung hinten:	Schwinge
Bremsen vorn:	Scheibenbremse 280 mm
Bremsen hinten:	Vollnabe 160 mm
Reifen vorn:	90/90 – 18
Reifen hinten:	110/80 – 16
Tankinhalt:	17 l
Höchstgeschwindigkeit:	145 km/h
Sitzplätze:	1
Leergewicht:	? kg
seitenwagentauglich:	nur mit spez. Rahmenunterzug
Preis	ca. 14.000 DM

MZ 500 Country

Die Country markierte den stimmigen Versuch, aus vorhandenen Komponenten eine Wander- und Alltagsenduro zu bauen. Allerdings gab es Detailmängel: Misslungen war die knüppelharte Abstimmung der Bilstein-Federbeine, auch scheuerte der 120er Hinterreifen gern am Kettenschlauch, und bei den ersten Serien ging gern der Anlasserfreilauf kaputt. Positiv dagegen die Sitzposition für Fahrer und Beifahrer sowie das sehr sichere Fahrverhalten. Der voluminöse Tank erlaubte große Reichweiten und die Kombination von Kick- und E-Starter war nicht bei jeder Konkurrenzmaschine zu finden. Leider rostete die schwarze Auspuffanlage sehr schnell.

Modell:	MuZ 500 Country
Bauzeit:	1992 – 1997
Stückzahl:	?
Motorbauart:	ohc-Viertakt mit vier Ventilen pro Brennraum
Zylinderzahl:	1
Kühlung:	Fahrtwind
Hubraum:	494 ccm
Bohrung x Hub:	89 x 79,4 mm
Leistung bei /min:	34 PS bei 7.200/min
max. Drehm. bei /min:	3,6 mkg bei 4.000/min
Primärantrieb:	Räder
Getriebe:	5-Gang
Endantrieb:	gekapselte Rollenkette
Gemischaufbereitung:	Vergaser Dell'Orto Rundschieber 34 mm
Rahmenbauart:	Zentralkastenrahmen mit angeschweißtem Heckteil
Federung vorn:	Teleskopgabel
Federung hinten:	Schwinge
Bremsen vorn:	Scheibenbremse 280 mm
Bremsen hinten:	Vollnabe 160 mm
Reifen vorn:	100/90 – 19
Reifen hinten:	120/90 – 16
Tankinhalt:	24 l
Höchstgeschwindigkeit:	140 km/h
Sitzplätze:	2
Leergewicht:	170 kg
seitenwagentauglich:	nur mit speziellem Rahmenunterzug
Preis	8.445 D-Mark

MZ 500 Silver Star

Die schönste MZ der Rotax-Ära, die MZ Silver Star, war auch die meistverkaufte. Der Name sollte Assoziationen an den BSA-Einzylinder-Klassiker Gold Star wecken. Als die private Entwicklung eines MZ-Ingenieurs, der in seinem Fuhrpark eine Honda GB 500 »Clubman« besaß, auf der IFMA 1992 vorgestellt wurde, schien für MZ die Sonne wieder aufzugehen. Die enorme Handlichkeit der kompakten Silver Star machte sie zur idealen 500er für Damen. Alte MZler vermissten den Hauptständer, der später in Verbindung mit einem anderen Rahmenunterzug als Zubehörteil käuflich war. Bei der Silver Star, die es auch in Rot als »Red Star« und in Grün als »Green Star« gab, waren wieder ostdeutsche, runde Instrumente anstelle der eckigen CEV-Uhren der anderen 500er vorgesehen.

Modell:	MuZ 500 Silver Star
Bauzeit:	1992 – 1997
Stückzahl:	?
Motorbauart:	ohc-Viertakt mit vier Ventilen pro Brennraum
Zylinderzahl:	1
Kühlung:	Fahrtwind
Hubraum:	494 ccm
Bohrung x Hub:	89 x 79,4 mm
Leistung bei /min:	34 PS bei 7.200/min, alternativ 27 PS bei 6.500/min
max. Drehm. bei /min:	3,6 mkg bei 4.000/min, alternativ 3,2 mkg bei 4.500/min
Primärantrieb:	Räder
Getriebe:	5-Gang
Endantrieb:	gekapselte Rollenkette
Gemischaufbereitung:	Vergaser Dell 'Orto Rundschieber 34 mm
Rahmenbauart:	Zentralkastenrahmen mit angeschweißtem Heckteil
Federung vorn:	Teleskopgabel
Federung hinten:	Schwinge
Bremsen vorn:	Scheibenbremse 280 mm
Bremsen hinten:	Vollnabe 160 mm
Reifen vorn:	90/90 – 18
Reifen hinten:	110/80 – 18
Tankinhalt:	13 l
Höchstgeschwindigkeit:	140 km/h, alternativ 135 km/h
Sitzplätze:	2
Leergewicht:	155 kg
seitenwagentauglich:	nur mit spez. Rahmenunterzug
Preis	9.295 D-Mark, alternativ 8.995 D-Mark

Kanuni
MZ ETZ 251

Nachdem MuZ signalisierte, an den alten Zweitaktmodellen kein Interesse mehr zu haben, wurden Ersatzteilvorräte und Werkzeugmaschinen für die großen ETZ-Modelle in die Türkei an den dortigen Importeur Kubalkan verkauft. Die Türken änderten nur wenig, die Fertigungsqualität schwankte aber stärker als bei den deutschen Maschinen. Die Technik war bis auf die Sitzbank baugleich mit den letzten Zschopauer ETZ. In der Türkei wurde die ETZ als 250er und 300er schnell zum absoluten Marktführer auf dem Motorradmarkt.

Modell:	MZ ETZ 251
	Kombassan Kanuni
Bauzeit:	1994 – 1997
	(Import nach Deutschland)
Stückzahl:	?
Motorbauart:	Zweitakt mit Umkehrspülung
Zylinderzahl:	1
Kühlung:	Fahrtwind
Hubraum:	243 ccm
Bohrung x Hub:	69 x 65 mm
Leistung bei /min:	21 PS bei 5.500/min
max. Drehm. bei /min:	2,8 mkg bei 5.200/min
Primärantrieb:	Räder
Getriebe:	5-Gang
Endantrieb:	gekapselte Rollenkette
Gemischaufbereitung:	Vergaser Bing-Rundschieber 30 mm
Rahmenbauart:	Zentralkastenrahmen mit angeschweißtem Heckteil
Federung vorn:	Teleskopgabel
Federung hinten:	Schwinge
Bremsen vorn:	Scheibenbremse 280 mm
Bremsen hinten:	Vollnabe 160 mm
Reifen vorn:	2.75 – 18
Reifen hinten:	110/80 – 16
Tankinhalt:	17 l
Höchstgeschwindigkeit:	125 km/h
Sitzplätze:	2
Leergewicht:	145 kg
seitenwagentauglich:	ja
Preis	3.890 D-Mark

Kanuni
MZ ETZ 301

Die 300er Variante mit ihren bulligen 23 PS war für viele Interessenten als billige Gespannmaschine interessant. Da MZ-Seitenwagen schon seit 1990 nicht mehr lieferbar waren, wurden meist tschechische Velorex-Seitenwagen angebaut. In der Türkei gab es die Maschine mit der Optik der 500er Country, während hierzulande nur die klassische, unverkleidete Version in den Verkauf gelangte. Viele Zulieferteile kauften die Türken nach wie vor in Deutschland, beispielsweise Elektrik-Komponenten und Vergaser

Modell:	MZ ETZ 301
	Kombassan Kanuni
Bauzeit:	1994 – 1997
	(Import nach Deutschland)
Stückzahl:	?
Motorbauart:	Zweitakt mit Umkehrspülung
Zylinderzahl:	1
Kühlung:	Fahrtwind
Hubraum:	243 ccm
Bohrung x Hub:	69 x 65 mm
Leistung bei /min:	23 PS bei 5.500/min
max. Drehm. bei /min:	3 mkg bei 5.200/min
Primärantrieb:	Räder
Getriebe:	5-Gang
Endantrieb:	gekapselte Rollenkette
Gemischaufbereitung:	Vergaser Bing-Rundschieber 30 mm
Rahmenbauart:	Zentralkastenrahmen mit angeschweißtem Heckteil
Federung vorn:	Teleskopgabel
Federung hinten:	Schwinge
Bremsen vorn:	Scheibenbremse 280 mm
Bremsen hinten:	Vollnabe 160 mm
Reifen vorn:	2.75 – 18
Reifen hinten:	110/80 – 16
Tankinhalt:	17 l
Höchstgeschwindigkeit:	135 km/h
Sitzplätze:	2
Leergewicht:	145 kg
seitenwagentauglich:	ja
Preis	4.190 D-Mark

Kanuni 125 Sportstar

Im ETZ-Chassis fand auch ein auf einer uralten Viertakt-Lizenz basierendes Einzylindertriebwerk Platz. Ob diese »MZ-Fehlfarbe« je nach Deutschland kam ist fraglich, vermutlich wurde mit dieser Maschine hauptsächlich der türkische Markt bedient. Der Motor basiert – wie bei vielen preiswerten 125ern, die meist aus Südostasien stammen – auf alten Honda-Lizenzen aus den frühen 70ern Jahren. Ansonsten war die Achtellitermaschine aus Teilen gesamteuropäischer Herkunft zusammenkomponiert.

Modell:	MZ Sportstar/SPC/Classic Kombassan Kanuni
Bauzeit:	1998 – 1999 (Import nach Deutschland)
Stückzahl:	?
Motorbauart:	ohc-Viertakt mit zwei Ventilen pro Brennraum
Zylinderzahl:	
Kühlung:	Fahrtwind
Hubraum:	125 ccm
Bohrung x Hub:	65,5 x 49,5 mm
Leistung bei /min:	12,2 bei 8.700/min
max. Drehm. bei /min:	0,95 mkg bei 7.000/min
Primärantrieb:	Räder
Getriebe:	5-Gang
Endantrieb:	gekapselte Rollenkette
Gemischaufbereitung:	Vergaser ?
Rahmenbauart:	Zentralkastenrahmen mit angeschweißtem Heckteil
Federung vorn:	Teleskopgabel
Federung hinten:	Schwinge
Bremsen vorn:	Scheibenbremse 280 mm
Bremsen hinten:	Vollnabe 160 mm
Reifen vorn:	2.75 – 18
Reifen hinten:	110/80 – 16
Tankinhalt:	17 l; SPS 18 l
Höchstgeschwindigkeit:	103 km/h
Sitzplätze:	2
Leergewicht:	135 kg
seitenwagentauglich:	nein
Preis	5.008 D-Mark SPC, 4.359 DM Classic

MZ ETZ 125 Roadstar

Angesichts der späten Einführung der 125er-Klasse im wiedervereinigten Deutschland kam die simple Roadstar 125 zu früh. Als echte Nachfolgerin der ETZ 125 unterschied sie sich von dieser nur durch einige Ausstattungsdetails wie den großen Tank, frische Farben und einige Zulieferteile. Leider war dem Konzept kein Erfolg beschieden, da die 16- und 17-Jährigen Motorradfahrer noch auf maximal 80 ccm beschränkt waren.

Modell:	MZ Roadstar 125
Bauzeit:	1992 – 1994
Stückzahl:	?
Motorbauart:	Zweitakt mit Umkehrspülung
Zylinderzahl:	1
Kühlung:	Fahrtwind
Hubraum:	123 ccm
Bohrung x Hub:	52 x 58 mm
Leistung bei /min:	15 PS bei 6.750/min; alternativ 10 PS bei 5.700/min
max. Drehm. bei /min:	1,6 mkg bei 6.300/min; alternativ 1,2 mkg bei 5.700/min
Primärantrieb:	Duplexkette
Getriebe:	5-Gang
Endantrieb:	gekapselte Rollenkette
Gemischaufbereitung:	Vergaser Bing-Rundschieber 24 mm
Rahmenbauart:	Zentralkastenrahmen mit angeschweißtem Heckteil
Federung vorn:	Teleskopgabel
Federung hinten:	Schwinge
Bremsen vorn:	Scheibenbremse 280 mm
Bremsen hinten:	Vollnabe 160 mm
Reifen vorn:	2.75 – 18
Reifen hinten:	3.25 – 16
Tankinhalt:	19 l
Höchstgeschwindigkeit:	115 km/h, alternativ 100 km/h
Sitzplätze:	2
Leergewicht:	131 kg
seitenwagentauglich:	nein
Preis	3.845 D-Mark

MZ ETZ 125 Sportstar

Die Sportstar mit einer Flüssigkeitskühlung vortäuschenden Motorverkleidung, den Grimeca-Gussrädern und der Cockpitverkleidung sollte jugendliche Einsteiger ansprechen, was indes in Deutschland kaum gelang, da es 18jährige zu größeren Hubräumen drängte. Wenn auch die Roadstar gegenüber italienischen Achtellitern recht hausbacken erschien, verbarg sich hinter der pseudo-sportlichen Fassade eine der alltagstauglichsten Maschinen des Marktes.

Modell:	MZ Sportstar 125
Bauzeit:	1992 – 1996
Stückzahl:	?
Motorbauart:	Zweitakt mit Umkehrspülung
Zylinderzahl:	1
Kühlung:	Fahrtwind
Hubraum:	123 ccm
Bohrung x Hub:	52 x 58 mm
Leistung bei /min:	15 PS bei 6.750/min; alter-nativ 10 PS bei 5.700/min
max. Drehm. bei /min:	1,6 mkg bei 6.300/min; alternativ 1,2 mkg bei 5.700/min
Primärantrieb:	Duplexkette
Getriebe:	5-Gang
Endantrieb:	gekapselte Rollenkette
Gemischaufbereitung:	Vergaser Bing Rundschieber 26 mm
Rahmenbauart:	Zentralkastenrahmen mit angeschweißtem Heckteil
Federung vorn:	Teleskopgabel
Federung hinten:	Schwinge
Bremsen vorn:	Scheibenbremse 280 mm
Bremsen hinten:	Vollnabe 160 mm
Reifen vorn:	90/90 – 18
Reifen hinten:	110/80 – 16
Tankinhalt:	l
Höchstgeschwindigkeit:	115 km/h, alternativ 100 km/h
Sitzplätze:	2
Leergewicht:	131 kg
seitenwagentauglich:	nein
Preis	4.295 D-Mark

MZ-B
RT 125

Bei MZ-B in Berlin sah man Bedarf für eine Basis 125er. Also wurde ein türkisches MZ-Fahrgestell mit weißrussischen Motoren und tschechischen Komponenten zur RT 125 kombiniert und im alten MZ-Werk montiert. Die Motoren erhielten in Deutschland qualitativ bessere Kugellager und Primärketten. Aus den einst kompletten Kanuni-MZ waren die 250er und 300er Triebwerke wieder ausgebaut worden, so dass es immer noch nagelneue Kanuni-Motoren bei MZ-B in Berlin zu kaufen gibt. Einige Bauteile der deutsch-russisch-türkischen Konstruktion kamen auch aus Deutschland, hergestellt von alten MZ-Zulieferern.

Modell:	MZ-B RT 125-Classic
Bauzeit:	1996
Stückzahl:	600
Motorbauart:	Zweitakt mit Umkehrspülung
Zylinderzahl:	1
Kühlung:	Fahrtwind
Hubraum:	123 ccm
Bohrung x Hub:	52 x 58 mm
Leistung bei /min:	9,5 PS bei 4.500/min; alternativ 6,8 PS bei 4.000/min
max. Drehm. bei /min:	1,3 mkg bei 4.500/min; alternativ 0,9 mkg bei 3.000/min
Primärantrieb:	Duplexkette
Getriebe:	4-Gang
Endantrieb:	gekapselte Rollenkette
Gemischaufbereitung:	Vergaser
Rahmenbauart:	Zentralkastenrahmen mit angeschweißtem Heckteil
Federung vorn:	Teleskopgabel
Federung hinten:	Schwinge
Bremsen vorn:	Scheibenbremse 280 mm
Bremsen hinten:	Vollnabe 160 mm
Reifen vorn:	2.75 – 18
Reifen hinten:	110/80 – 16
Tankinhalt:	17 l
Höchstgeschwindigkeit:	105 km/h, alternativ 80 km/h
Sitzplätze:	2
Leergewicht:	137 kg
seitenwagentauglich:	nein
Preis	3.680 D-Mark

MZ Scorpion Sport

Sachzwänge und produktionstechnische Schwierigkeiten bescherten dem aufsehenerregenden Konzept des britischen Designer Duos Seymour/Powell leider eine Gewichtszunahme von über 30 Kilogramm. Dennoch war und ist die Scorpion Sport ein fahraktives Motorrad mit einem überdurchschnittlich guten Fahrwerk. Die ersten Modelle mit dem Yamaha-Einzylinder litten noch unter wenig routinierter Detailverarbeitung, doch ab dem Jahrgang 1995 hatte MZ die Qualität voll im Griff.

Modell:	MuZ Scorpion Sport
Bauzeit:	1994 – 1999
Stückzahl:	?
Motorbauart:	ohc-Viertakt mit fünf Ventilen pro Brennraum
Zylinderzahl:	1
Kühlung:	Fahrtwind
Hubraum:	659 ccm
Bohrung x Hub:	100 x 84 mm
Leistung bei /min:	48 PS bei 6.250/min, alternativ 34 PS bei XX/min
max. Drehm. bei /min:	5,8 mkg bei 5.250/min, alternativ XX mkg bei /min
Primärantrieb:	Räder
Getriebe:	5-Gang
Endantrieb:	Dichtringkette
Gemischaufbereitung:	Registervergaser Teikei 26/35 mm
Rahmenbauart:	Brückenrohrrahmen mit angeschraubtem Heckteil
Federung vorn:	Teleskopgabel
Federung hinten:	Zentralfederbeinschwinge
Bremsen vorn:	Vierkolben-Scheibenbremse 316 mm
Bremsen hinten:	Scheibenbremse 240 mm
Reifen vorn:	110/70 ZR 17
Reifen hinten:	150/70 ZR 17
Tankinhalt:	18 l
Höchstgeschwindigkeit:	170 km/h, alternativ km/h
Sitzplätze:	2
Leergewicht:	159 kg
seitenwagentauglich:	nur mit speziellem Fahrwerkskit
Preis	10.736 D-Mark

MZ Scorpion Tour

Preiswerter und mit aufrechter Sitzposition für Landstraßenfahrten bequemer als die Sport war die nackte Scorpion Tour. Detailverarbeitungsmängel der Anlaufserie wurden auch hier rasch beseitigt. Der verwendete Yamaha XTZ 660-Motor gilt als durchzugstarkes und verlässliches Triebwerk, ohne aber den sportlich gierigen Antritt bei hohen Drehzahlen vorweisen zu können, der beispielsweise das 650er Rotax-BMW-Aggregat auszeichnet.

Modell:	MuZ Scorpion Tour
Bauzeit:	1994 – 1997, ab 1999
Stückzahl:	?
Motorbauart:	ohc-Viertakt mit fünf Ventilen pro Brennraum
Zylinderzahl:	1
Kühlung:	Fahrtwind
Hubraum:	659 ccm
Bohrung x Hub:	100 x 84 mm
Leistung bei /min:	48 PS bei 6.250/min, alternativ 34 PS bei /min
max. Drehm. bei /min:	5,8 mkg bei 5.250/min, alternativ mkg bei /min
Primärantrieb:	Räder
Getriebe:	5-Gang
Endantrieb:	Dichtringkette
Gemischaufbereitung:	Registervergaser Teikei 26/35 mm
Rahmenbauart:	Brückenrohrrahmen mit angeschraubtem Heckteil
Federung vorn:	Teleskopgabel
Federung hinten:	Zentralfederbeinschwinge
Bremsen vorn:	Vierkolben-Scheibenbremse 316 mm
Bremsen hinten:	Scheibenbremse 240 mm
Reifen vorn:	110/70 ZR 17
Reifen hinten:	140/70 ZR 17
Tankinhalt:	18 l
Höchstgeschwindigkeit:	160 km/h, alternativ km/h
Sitzplätze:	2
Leergewicht:	157 kg
seitenwagentauglich:	nur mit speziellem Fahrwerkskit
Preis	9.836 D-Mark

MZ Scorpion Traveller

Auf Basis der Scorpion Tour entstand die Traveller (»Reisender«), die touristisch angehauchte Motorradfahrer mit einer wind- und wetterschützenden Vollverkleidung und einem serienmäßigen Koffersatz erfreut. Technisch bestehen keine Unterschiede zur nackten Scorpion. Auch hier kommen fast alle Zulieferteile aus Italien, die Koffer allerdings stammen aus Pirmasens und werden von Hepco & Becker gefertigt.

Modell:	MuZ Scorpion Traveller
Bauzeit:	Ab 1994
Stückzahl:	?
Motorbauart:	ohc-Viertakt mit fünf Ventilen pro Brennraum
Zylinderzahl:	1
Kühlung:	Fahrtwind
Hubraum:	659 ccm
Bohrung x Hub:	100 x 84 mm
Leistung bei /min:	48 PS bei 6.250/min, alternativ 34 PS bei /min
max. Drehm. bei /min:	5,8 mkg bei 5.250/min, alternativ mkg bei /min
Primärantrieb:	Räder
Getriebe:	5-Gang
Endantrieb:	Dichtringkette
Gemischaufbereitung:	Registervergaser Teikei 26/35 mm
Rahmenbauart:	Brückenrohrrahmen mit angeschraubtem Heckteil
Federung vorn:	Teleskopgabel
Federung hinten:	Zentralfederbeinschwinge
Bremsen vorn:	Vierkolben-Scheibenbremse 316 mm
Bremsen hinten:	Scheibenbremse 240 mm
Reifen vorn:	110/70 ZR 17
Reifen hinten:	140/70 ZR 17
Tankinhalt:	18 l
Höchstgeschwindigkeit:	160 km/h, alternativ km/h
Sitzplätze:	2
Leergewicht:	187 kg
seitenwagentauglich:	nur mit speziellem Fahrwerkskit
Preis	10.736 D-Mark

MZ Scorpion Replica

Die »Replica« war keine Replica der unter Dave Edwards und Rigo Richter erfolgreichen Werksrenner, sondern eine Scorpion Sport mit besonders hochwertigen Fahrwerkselementen von Wilbers Products, renntauglichen Bremsen von Brembo, einer sportlichen Vollverkleidung und leistungsgesteigertem Triebwerk nebst entsprechendem Auspuff.

Modell:	MuZ Scorpion Replica
Bauzeit:	1994 – 1999
Stückzahl:	?
Motorbauart:	ohc-Viertakt mit fünf Ventilen pro Brennraum

Zylinderzahl:	1
Kühlung:	Fahrtwind
Hubraum:	659 ccm
Bohrung x Hub:	100 x 84 mm
Leistung bei /min:	50 PS bei 6.500/min
max. Drehm. bei /min:	5,9 mkg bei 5.500/min
Primärantrieb:	Räder
Getriebe:	5-Gang
Endantrieb:	Dichtringkette
Gemischaufbereitung:	Registervergaser Teikei 26/35 mm
Rahmenbauart:	Brückenrohrrahmen mit angeschraubtem Heckteil
Federung vorn:	Teleskopgabel
Federung hinten:	Zentralfederbeinschwinge
Bremsen vorn:	Zwei Vierkolben-Scheibenbremsen 316 mm
Bremsen hinten:	Scheibenbremse 240 mm
Reifen vorn:	120/60 ZR 17
Reifen hinten:	160/60 ZR 17
Tankinhalt:	18 l
Höchstgeschwindigkeit:	175 km/h
Sitzplätze:	1
Leergewicht:	172 kg
seitenwagentauglich:	nein
Preis	14.900 D-Mark

MZ Scorpion Cup

Nicht nur in Westeuropa, auch in Übersee fand die Idee des MZ Scorpion-Cups als preiswerte Möglichkeit, Straßenrennsport zu betreiben, großen Anklang. Die Cup ist eine vollverkleidete Scorpion Sport mit einer dem Cup-Reglement entsprechender Technik und Optik. Zugleich handelt es sich dabei um den Nachfolger der Scorpion Sport. Die Rennmaschine kann zur Straßenmaschine umgebaut, aber auch wieder zurückgerüstet werden. Der MZ-Cup bildete lange Jahre die preiswerteste Möglichkeit, in den Straßenrennsport einzusteigen. Zur Cup-Maschine wurden auch Fahrer- und Mechaniker-Bekleidung nebst Ersatzteilen für das Motorrad geliefert.

Modell:	MuZ Scorpion Cup
Bauzeit:	Ab 1999
Stückzahl:	?
Motorbauart:	ohc-Viertakt mit fünf Ventilen pro Brennraum
Zylinderzahl:	1
Kühlung:	Fahrtwind
Hubraum:	659 ccm
Bohrung x Hub:	100 x 84 mm
Leistung bei /min:	48 PS bei 6.250/min, alternativ 34 PS bei /min
max. Drehm. bei /min:	5,8 mkg bei 5.250/min, alternativ mkg bei /min
Primärantrieb:	Räder
Getriebe:	5-Gang
Endantrieb:	Dichtringkette
Gemischaufbereitung:	Registervergaser Teikei 26/35 mm
Rahmenbauart:	Brückenrohrrahmen mit angeschraubtem Heckteil
Federung vorn:	Teleskopgabel
Federung hinten:	Zentralfederbeinschwinge
Bremsen vorn:	Vierkolben-Scheibenbremse 316 mm
Bremsen hinten:	Scheibenbremse 240 mm
Reifen vorn:	110/70 – 17
Reifen hinten:	150/70 – 17
Tankinhalt:	19 l
Höchstgeschwindigkeit:	170 km/h
Sitzplätze:	1
Leergewicht:	159 kg
seitenwagentauglich:	nur mit speziellem Fahrwerkskit
Preis	11.126 D-Mark

MZ Charly

Der Elektroroller Charly dient als Zubringervehikel in Industriegeländen, Messehallen, Flugplätzen und ähnlichen Arealen. Durch seine Zulassung als Leichtmofa darf man Charly auch auf der Straße benutzen, ohne einen Helm tragen zu müssen. Aufgrund seiner kompakten Maße lässt er sich problemlos im Kofferraum eines PKW unterbringen und dorthin schaffen, wo er gebraucht wird. Nur befestigt sollte das Terrain für ihn sein, die kleinen Räder mögen keine Feldwege.

Modell:	MuZ Charly
Bauzeit:	Ab 1994
Stückzahl:	?
Motorbauart:	Gleichstrom-Elektromotor
Zylinderzahl:	-
Kühlung:	-
Hubraum:	-
Bohrung x Hub:	-
Leistung bei /min:	0,75 PS bei 3.200/min
max. Drehm. bei /min:	0,28 mkg bei jeder Drehzahl
Primärantrieb:	-
Getriebe:	-
Endantrieb:	-
Gemischaufbereitung:	-
Rahmenbauart:	?
Federung vorn:	starr
Federung hinten:	starr
Bremsen vorn:	Trommelbremse 70 mm
Bremsen hinten:	Trommelbremse 70 mm
Reifen vorn:	3.00 – 4, 2 PR
Reifen hinten:	3.00 – 4, 2 PR
Tankinhalt:	24 Volt, 24 Ah-Akku
Höchstgeschwindigkeit:	20 km/h
Sitzplätze:	1
Leergewicht:	42 kg
seitenwagentauglich:	nein
Preis	2.990 D-Mark

MZ Mastiff

Die vom koreanischen Designer Massanouri Hiraide gestylte Mastiff stellt eine der wenigen käuflichen Super-Moto-Maschinen dar. Das provokante Styling passt zum wilden Auftritt der Super-Moto-Meute und den ausgezeichneten Fahreigenschaften. Lediglich das tourenmäßig sanft antretende Yamaha-Triebwerk erreicht nicht den Biss der teureren Konkurrenten von KTM, Husaberg oder Husqvarna. Die Variante Warrior unterscheidet sich lediglich durch die mattschwarze Lackierung und andere Scheinwerfer vom Basis-Modell.

Modell:	MuZ Mastiff/Mastiff Warrior
Bauzeit:	Ab 1998, Warrior ab 2000
Stückzahl:	?
Motorbauart:	ohc-Viertakt mit fünf Ventilen pro Brennraum
Zylinderzahl:	1
Kühlung:	Fahrtwind
Hubraum:	659 ccm
Bohrung x Hub:	100 x 84 mm
Leistung bei /min:	50 PS bei 6.500/min, alternativ 34 PS bei 5.750/min
max. Drehm. bei /min:	5,8 mkg bei 5.250/min, alternativ 4,7 mkg bei 4.500/min
Primärantrieb:	Räder
Getriebe:	5-Gang
Endantrieb:	Dichtringkette
Gemischaufbereitung:	Registervergaser Teikei 26/35 mm
Rahmenbauart:	Rohrrahmen mit angeschraubtem Heckteil
Federung vorn:	Teleskopgabel
Federung hinten:	Zentralfederbeinschwinge
Bremsen vorn:	Vierkolben-Scheibenbremse 298 mm
Bremsen hinten:	Scheibenbremse 245 mm
Reifen vorn:	120/60 ZR 17
Reifen hinten:	150/60 ZR 17
Tankinhalt:	12,5 l
Höchstgeschwindigkeit:	165 km/h, alternativ 140 km/h
Sitzplätze:	2
Leergewicht:	177 kg
seitenwagentauglich:	nein
Preis	12.250 D-Mark, Warrior 12.890 D-Mark

MZ Bagheera

Mit ihrem stabilen Fahrwerk und den langen Federwegen hat sich die MZ Bagheera als optisch gelungene Enduro im stark umkämpften Segment der alltagstauglichen Geländemaschinen etabliert. Im Kradmelderlook präsentiert sich die Variante »Forest«, bei der alle Teile in olivgrüne Farbe getaucht wurden. Die Variante HR besitzt zur Sitzhöhenreduzierung Gabel und Federbein der Mastiff. Auf besonderen Wunsch kann sie sogar mit einem tiefer gelegten Chassis geordert werden.

Modell:	MuZ Bagheera/Bagheera HR
Bauzeit:	Ab 1998
Stückzahl:	?

Motorbauart:	ohc-Viertakt mit fünf Ventilen pro Brennraum
Zylinderzahl:	1
Kühlung:	Fahrtwind
Hubraum:	659 ccm
Bohrung x Hub:	100 x 84 mm
Leistung bei /min:	50 PS bei 6.500/min, alternativ 34 PS bei 5.750/min
max. Drehm. bei /min:	5,8 mkg bei 5.250/min, alternativ 4,7 mkg bei 4.500/min
Primärantrieb:	Räder
Getriebe:	5-Gang
Endantrieb:	Dichtringkette
Gemischaufbereitung:	Registervergaser Teikei 26/35
Rahmenbauart:	Rohrrahmen mit angeschraubtem Heckteil
Federung vorn:	Teleskopgabel
Federung hinten:	Zentralfederbeinschwinge
Bremsen vorn:	Vierkolben-Scheibenbremse 298 mm
Bremsen hinten:	Scheibenbremse 245 mm
Reifen vorn:	90/90 – 21
Reifen hinten:	120/80 – 18
Tankinhalt:	12,5 l
Höchstgeschwindigkeit:	160 km/h, alternativ 140 km/h
Sitzplätze:	2
Leergewicht:	174 kg
seitenwagentauglich:	nein
Preis	10.750 D-Mark

MZ Bagheera Street Moto

Die Bagheera Street Moto ist weniger straßenorientiert als die Mastiff und verbindet das hochbeinige Bagheera-Fahrwerk mit dem rollenden Gut der Mastiff, mehr noch: Sie ist eine ernstzunehmende Supermoto-Maschine und ein weiterer Beweis für die Universalität des MZ-Baukastensystems. In vielen Augen noch schicker als alle anderen MZ-Singles ist die Street Moto in schwarzem Lack als Black Panther. Als kleiner Hersteller mit stark handwerklich geprägter Fertigung kann MZ schneller als größere Anbieter auf optische Trends und Nachfragen reagieren.

Modell:	MuZ Bagheera Street Moto/ Back Panther
Bauzeit:	Ab 1999
Stückzahl:	?
Motorbauart:	ohc-Viertakt mit fünf Ventilen pro Brennraum
Zylinderzahl:	1
Kühlung:	Fahrtwind
Hubraum:	659 ccm
Bohrung x Hub:	100 x 84 mm
Leistung bei /min:	50 PS bei 6.500/min, alternativ 34 PS bei 5.750/min
max. Drehm. bei /min:	5,8 mkg bei 5.250/min, alternativ 4,7 mkg bei 4.500/min
Primärantrieb:	Räder
Getriebe:	5-Gang
Endantrieb:	Dichtringkette
Gemischaufbereitung:	Registervergaser Teikei 26/35
Rahmenbauart:	Rohrrahmen mit angeschraubtem Heckteil
Federung vorn:	Teleskopgabel
Federung hinten:	Zentralfederbeinschwinge
Bremsen vorn:	Vierkolben-Scheibenbremse 300 mm
Bremsen hinten:	Scheibenbremse 245 mm
Reifen vorn:	120/70 R 17
Reifen hinten:	160/60 R 17
Tankinhalt:	12,5 l
Höchstgeschwindigkeit:	160 km/h, alternativ 140 km/h
Sitzplätze:	2
Leergewicht:	177 kg
seitenwagentauglich:	nein
Preis	11.990 D-Mark

MZ Mosquito

Um den großen Markt für Zweiräder in Europa mit zu bedienen, importiert und vermarktet MZ auch Roller unter dem MZ-Logo.
Der Mosquito-Roller ist nach heute üblichen Rezepten im Kleinrollerbau mit gebläsegekühltem Zweitakter und Triebsatzschwinge sowie Variomatik konstruiert und läuft als steuerfreies Kleinkraftrad mit Versicherungskennzeichen.
Mit breiteren Reifen und trendiger Optik versucht der teurere Mosquito-SX imagebewusste Kunden zu erobern.

Modell:	MuZ Moskito/Moskito SX
Bauzeit:	Ab 1997
Stückzahl:	?
Motorbauart:	Zweitakt mit Umkehrspülung
Zylinderzahl:	1
Kühlung:	Gebläse
Hubraum:	49 ccm
Bohrung x Hub:	40 x 39 mm
Leistung bei /min:	5,3 PS bei 7.000/min
max. Drehm. bei /min:	0,44 mkg bei 6.500/min
Primärantrieb:	Räder
Getriebe:	Stufenlos
Endantrieb:	Keilriemen
Gemischaufbereitung:	vergaser
Rahmenbauart:	Rohrrahmen
Federung vorn:	Teleskopgabel
Federung hinten:	Triebsatzschwinge
Bremsen vorn:	Scheibenbremse 155 mm
Bremsen hinten:	Scheibenbremse 110 mm
Reifen vorn:	120/90 – 10
Reifen hinten:	130/90 – 10
Tankinhalt:	5,5 l
Höchstgeschwindigkeit:	50 km/h
Sitzplätze:	2
Leergewicht:	85 kg
seitenwagentauglich:	nein
Preis	2.999 D-Mark

MZ RT 125

Ein echter Schlager mit temperamentvollem Triebwerk, brillantem Fahrwerk und bequemer Sitzposition ist die RT 125, die im Jahr 2000 erschien. Mit dem stärksten Einzylinder-Viertaktmotor ihrer Klasse nutzt die kleine RT das Leistungslimit voll aus und zeigt Klassenkonkurrenten, die oft nicht nur schwächer, sondern auch schwerer sind, das Rücklicht. Gleichzeitig ist die Maschine erstklassig im Alltag zu nutzen. Mit dem eigenen Triebwerk befreit MZ sich wieder vom Status des Konfektionärs. Modisch bedingt sind die breiten Reifen, die in solchen Größen normalerweise auf sportlichen Halblitermaschinen zu finden sind.

Modell:	MZ RT 125
Bauzeit:	Ab 2000
Stückzahl:	?
Motorbauart:	dohc-Viertakt mit vier Ventilen pro Brennraum
Zylinderzahl:	1
Kühlung:	Flüssigkeit
Hubraum:	124 ccm
Bohrung x Hub:	60 x 44 mm
Leistung bei /min:	15 PS bei 9.000/min
max. Drehm. bei /min:	1,2 mkg bei 8.500/min
Primärantrieb:	Räder
Getriebe:	6-Gang
Endantrieb:	Rollenkette
Gemischaufbereitung:	Mikuni-Rundschiebervergaser mit ovalem Ansaugquerschnitt 18,5 x 28,5 mm
Rahmenbauart:	unten offener Rohrrahmen
Federung vorn:	Teleskopgabel
Federung hinten:	Zentralfederbeinschwinge
Bremsen vorn:	Scheibenbremse 280 mm
Bremsen hinten:	Scheibenbremse 220 mm
Reifen vorn:	110/70 – 17
Reifen hinten:	130/70 – 17
Tankinhalt:	13,5 l
Höchstgeschwindigkeit:	115 km/h, alternativ 80 km/h
Sitzplätze:	2
Leergewicht:	133 kg
seitenwagentauglich:	nein
Preis	6.490 D-Mark

MZ
RT 125 SX

MZ spielt sehr geschickt auf der Klaviatur des Baukastensystems. Mit wenig Änderungen an Ausstattung und Fahrwerk entstand aus der RT 125 eine vollwertige Achtelliter-Enduro. Weniger Gewicht wäre der RT 125 SX für off-road-Einsatz zwar zu wünschen, jedoch bringt ein flüssigkeitsgekühlter Viertakter mit E-Starter vom konstruktiven Konzept her schlechte Vorraussetzungen mit, um den »Weight-Watchers« der 125-Kubikklasse anzugehören. Und da ein Großteil der Käufer ausschließlich auf der Straße fahren wird, erwächst den Kunden kein Nachteil.

Modell:	MZ RT 125 SX
Bauzeit:	Ab 2001
Stückzahl:	?
Motorbauart:	dohc-Viertakt mit vier Ventilen pro Brennraum
Zylinderzahl:	1
Kühlung:	Flüssigkeit
Hubraum:	124 ccm
Bohrung x Hub:	60 x 44 mm
Leistung bei /min:	15 PS bei 9.000/min
max. Drehm. bei /min:	1,2 mkg bei 8.500/min
Primärantrieb:	Räder
Getriebe:	6-Gang
Endantrieb:	Rollenkette
Gemischaufbereitung:	Mikuni-Rundschiebervergaser mit ovalem Ansaugquerschnitt 18 5 x 28,5 mm
Rahmenbauart:	unten offener Rohrrahmen
Federung vorn:	Teleskopgabel
Federung hinten:	Zentralfederbeinschwinge
Bremsen vorn:	Scheibenbremse 280 mm
Bremsen hinten:	Scheibenbremse 220 mm
Reifen vorn:	90 /90 – 21
Reifen hinten:	120/80 – 18
Tankinhalt:	13,5 l
Höchstgeschwindigkeit:	110 km/h, alternativ 80 km/h
Sitzplätze:	2
Leergewicht:	133 kg
seitenwagentauglich:	nein
Preis:	6.890 D-Mark

MZ
RT 125 SM

Die RT 125 SM kombiniert die Räder der RT 125 mit dem Chassis und der Ausstattung der RT 125 SX. Mit minimalen Entwicklungskosten hat MZ eine überzeugende Street Moto auf die Beine gestellt, und das nicht zuletzt, weil die Fahrleistungen im Kreise der viertaktenden Konkurrenten zu den besten der Klasse gehören. Die trendige Optik dürfte bei jungen Kunden verfangen, die mehr denn je Fahrzeuge über den visuellen Eindruck kaufen.

Modell:	MZ RT 125 SM
Bauzeit:	Ab 2000
Stückzahl:	?
Motorbauart:	dohc-Viertakt mit vier Ventilen pro Brennraum
Zylinderzahl:	1
Kühlung:	Flüssigkeil
Hubraum:	124 ccm
Bohrung x Hub:	60 x 44 mm
Leistung bei /min:	15 PS bei 9.000/min
max. Drehm. bei /min:	1,2 mkg bei 8.500/min
Primärantrieb:	Räder
Getriebe:	6-Gang
Endantrieb:	Rollenkette
Gemischaufbereitung:	Mikuni-Rundschiebervergaser mit ovalem Ansaugquerschnitt 18 5 x 28,5 mm
Rahmenbauart:	unten offener Rohrrahmen
Federung vorn:	Teleskopgabel
Federung hinten:	Zentralfederbeinschwinge
Bremsen vorn:	Scheibenbremse 280 mm
Bremsen hinten:	Scheibenbremse 220 mm
Reifen vorn:	110/70 – 17
Reifen hinten:	130/70 – 17
Tankinhalt:	13,5 l
Höchstgeschwindigkeit:	110 km/h, alternativ 80 km/h
Sitzplätze:	2
Leergewicht:	133 kg
seitenwagentauglich:	nein
Preis	6.990 D-Mark

MZ 1000 S

Mit der »1000 S«, die erstmals auf der Münchner Intermot 2000 gezeigt wurde, tritt MZ demnächst im Segment der großen Zweizylinder-Tourensportler an. Konkrete technische Daten waren bei Drucklegung noch nicht bekannt.

Modell:	MZ 1000 S
Bauzeit:	Ab 2002
Stückzahl:	?
Motorbauart:	Zweizylinder-Paralleltwin-dohc-Viertakt mit ? Ventilen pro Brennraum
Zylinderzahl:	2
Kühlung:	Flüssigkeit
Hubraum:	996 ccm
Bohrung x Hub:	?
Leistung bei /min:	? PS bei ? /min
max. Drehm. bei /min:	? mkg bei ?/min
Primärantrieb:	?
Getriebe:	6-Gang
Endantrieb:	Rollenkette
Gemischaufbereitung:	Einspritzung
Rahmenbauart:	Stahlrohr-Brückenrahmen
Federung vorn:	Teleskopgabel
Federung hinten:	Zentralfederbeinschwinge
Bremsen vorn:	Doppelscheibenbremse mm
Bremsen hinten:	Scheibenbremse mm
Reifen vorn:	?
Reifen hinten:	?
Tankinhalt:	2
Höchstgeschwindigkeit:	?
Sitzplätze:	2
Leergewicht:	? kg
seitenwagentauglich:	nein
Preis	? D-Mark

Motorräder mit Seitenwagen von MZ

Der Seitenwagenbetrieb spielte lange bei MZ eine große Rolle. Die drehmomentstarken Zweitakter eigneten sich besser als viele andere Maschinen gleichen Hubraums zum Schleppen des dritten Rades an der Seite. In der DDR machte man aus der Not des Gespannfahrens eine Tugend. Das Gespann diente dort seinerzeit oft als Autovorstufe oder Ersatz. Durch die emsige Entwicklungsarbeit in Zschopau und Leipzig wurde das MZ-Gespann auf ein Niveau an F

Auch bei den Viertaktmaschinen, die für Vielfahrer schon wegen ihrer besseren Fahrleistungen und vor allem wegen ihres Kraftstoffverbrauchs interessanter sind, ist der Umbau generell aufwändig. Das Werk bot zwei Rotax-motorisierte 500er als Gespann an. Die Saxon Voyager war ein Gespann im klassisch-nüchternen MZ-Zuschnitt, während die Silver-Star-Gespanne mit nostalgisch-sportiver Optik höhere Ansprüche befriedigen sollten. Da die Seitenwagenfertigung in Leipzig erloschen war, griffen die Zschopauer auf den tschechischen Velorex-562 zurück, der es aber in Fahrkomfort und Raumangebot nicht mit dem Super-Elastic aufnehmen konnte. Ähnlich agierten viele Händler, die schon vor MuZ Rotax-Gespanne anboten. Friedhelm Feld in Köln, AT-Zweiradtechnik in Dormagen, Konrad Welling in Roßtal und Theo Däschlein in Bechhofen bauten neben vielen anderen MuZ-Rotax-Gespanne nach ihren Vorstellungen und denen der Kunden. Meist erhielten die Maschinen einen anderen Rahmenunterzug, einige Fahrgestelländerungen und einen Velorex-Seitenwagen an die recht Seite. Es fanden auch alte Super-Elastic, 700er Velorex oder indische Globe-Seitenwagen Verwendung. Volkmar Prietz von Motec schuf auf Velorex-Basis einen Enduro-Seitenwagen, der mit der MuZ Country vermählt wurde. Man sieht, fast alles war und ist möglich, wenn es nur technisch überzeugend gelöst ist. Gespanne mit Scorpion-Zugmaschinen blieben rare Einzelstücke. Ein interessanter Werks-Prototyp, der auf der IFMA 1994 gezeigt wurde, wurde nicht weiter verfolgt. Uwe Schmidt aus Düsseldorf baute ebenfalls eine Handvoll Scorpion-Gespanne mit modernen Seitenwagen.

Derzeit gibt es kein MZ-Gespann vom Werk, aber man soll die Hoffnung nicht aufgeben. Wer die Zschopauer, weiß, das sie immer wieder für eine Überraschung gut sind...

Skorpion MuZ-Gespann

Oben: AS auf BK 350

Unten: ES 250/2

■ 114

IFA/MZ BK 350 mit Stoye-SW

Modell:	IFA und MZ BK 350 mit Stoye »I«-Beiwagen
Bauzeit:	1953 – 1959
Höchstgeschwindigkeit:	IFA 95 km/h, MZ 100 km/h
Sitzplätze:	3
ben. Teile für Umbau:	Rahmenstrebe hinten, Achsgetriebe, Anschlußkugeln
Endübersetzung:	5,4
Leergewicht:	?
Gesamtgewicht:	460 kg
Spurweite:	?
Reifen vorn:	3.25 – 19
Reifen hinten:	3.25 – 19
Reifen seitlich:	3.25 – 19
Eintrag:*	ja
Preis:	?

Die BK war von vornherein als Seitenwagenmaschine entwickelt worden. Klar, dass sie sich in diesem Segment bestens bewährte. Der Rahmen benötigt für den Gespannbetrieb eine angeschraubte Verstärkung vor der rechten Hinterradfederung. Dazu kommen zwei Anschlusskugeln unten und eine unter dem Sattel. Als Seitenwagen wurde ab Werk nur der »spitze« Stoye mit einfacher Schraubenfederung verbaut, andere Seitenwagen – auch von kleinen DDR-Herstellern – wie GEWO, HTH oder Wünsche sind ebenfalls »original«. Das Werk setzte die BK im Sport vorzugsweise mit Seitenwagen ein.

*wahlweiser Eintrag solo oder Gespann im Kfz.-Brief

MZ ES 250 mit Stoye »Elastic«-SW

Modell:	MZ ES 250 mit Stoye »Elastic«-Beiwagen
Bauzeit:	1956 – 1961
Höchstgeschwindigkeit:	95 km/h
Sitzplätze:	3
ben. Teile für Umbau:	Vorderschwinge, Hinterschwinge mit Schwingenachse, SW-Federn, Motorritzel, Anschlußkugeln, Tachoantrieb
Endübersetzung:	18 zu 45, für Bergbetrieb besser 18 zu 48
Leergewicht:	240 kg
Gesamtgewicht:	485 kg
Spurweite:	ca. 100 cm
Reifen vorn:	3.25 – 16
Reifen hinten:	3.25 – 16
Reifen seitlich:	3.25 – 16
Eintrag:*	ja
Preis:	4.460 DDR-Mark

*wahlweiser Eintrag solo oder Gespann im Kfz.-Brief

Das Seitenwagenfahrwerk des Stoye Seitenwagens zur ES 250 war speziell auf die Schwingenmaschine mit ihrer langhubigen Federung abgestimmt. Die Seitenwagenschwinge des »Elastic«-Seitenwagens war mit der Hinterradschwinge der Maschine verbunden. Somit wurde trotz weicher Federung übertriebene Seitenneigung beim Kurvenfahren vermieden. Ansonsten ist der Seitenwagen mit einem konventionellen Dreipunktanschluss mit der ES 250 verbunden. Auffällig ist das mit einer breiten Alu-Leiste verbreiterte Seitenwagenboot, das in gleicher Form auch mit der Simson/AWO 425 S »verheiratet« wurde.

MZ ES 300 mit Stoye »Super Elastic«

Die rare ES 300 sollte die Kraft der BK mit dem guten ES 250-Fahrwerk verbinden. Zeitgleich mit dem Erscheinen von ES 250/1 und ES 300 präsentierte Stoye den brikettförmigen, aber geräumigen »Super-Elastic«-Seitenwagen mit der klappbaren Leichtmetall-Fronthaube. Die Seitenwagenschwinge stützte sich gegen ein ES 125-Federbein gegen das Boot ab und war mit der Hinterradschwinge über einen Stabilisator verbunden. Das Seitenwagenrad war erstmals hydraulisch gebremst! Bei den ersten Serien dieses Seitenwagens war die Kofferraumklappe über den Heckabschluss herausgezogen, später wurde sie kleiner.

Modell:	MZ ES 300 mit Stoye »Super Elastic«-Beiwagen
Bauzeit:	1963 – 1965
Höchstgeschwindigkeit:	100 km/h
Sitzplätze:	3
ben. Teile für Umbau:	Vorderschwinge, Hinterschwinge mit Schwingenachse, SW-Federn, Motorritzel, Anschlußkugeln, Tachoantrieb
Endübersetzung:	18 zu 45
Leergewicht:	230 kg
Gesamtgewicht:	440 kg
Spurweite:	1020 mm
Reifen vorn:	3.25 – 16
Reifen hinten:	3.50 – 16
Reifen seitlich:	3.50 – 16
Eintrag:*	ja
Preis:	4810 DDR-Mark

*wahlweiser Eintrag solo oder Gespann im Kfz.-Brief

MZ ES 250/1 mit Stoye Lastenbeiwagen

Aufgrund des akuten Mangels an Transportraum in der DDR und des niemals ausreichenden Angebots an Kombis und Lieferwagen setzte man bei Stoye auf ansonsten unveränderte Super-Elastic-Chassis eine Lastenkiste. Die Kiste konnten mit einer Plane oder einem Deckel verschlossen werden. Handwerker, Kleinbetriebe und Landwirtschaft nutzten diesen pragmatischen Seitenwagen, in dem man ein Traktorrad, Leitern oder Obstkisten befördern konnte. Der Boden der Lastenkiste bestand aus Holz, das bei mangelnder Pflege und Feuchtigkeit nach Jahren verrottete.

Modell:	MZ ES 250/1 mit Stoye »Lasten«-Beiwagen
Bauzeit:	1964 – 1967
Höchstgeschwindigkeit:	95 km/h
Sitzplätze:	2
ben. Teile für Umbau:	Vorderschwinge, Hinterschwinge mit Schwningenachse, SW-Federn, Motorritzel, Anschlußkugeln, Tachoantrieb
Endübersetzung:	18 zu 45
Leergewicht:	230 kg
Gesamtgewicht:	440 kg
Spurweite:	102 cm
Reifen vorn:	3.25 – 16
Reifen hinten:	3.50 – 16
Reifen seitlich:	3.50 – 16
Eintrag:*	ja
Preis:	?

*wahlweiser Eintrag solo oder Gespann im Kfz.-Brief

MZ ES 250/2 mit Stoye »Super-Elastic«

Keine MZ brachte von Haus aus bessere Seitenwagenfahreigenschaften mit als die ES 250/2. Der Seitenwagen wurde kaum geändert, lediglich der Kofferraumdeckel war etwas kleiner geworden. Ein großes Problem stellte stets der Sog hinter der serienmäßigen hohen Windschutzscheibe dar, der die Passagiere in ungesunden Zweitaktabgasen sitzen ließ. Man plante, da im Zuge der durch Erich Honecker eingeleiteten Entprivatisierung der Betrieb bei der Stoye 1972 auch von MZ geschluckt wurde, mit dem Auslaufen der Produktion der ES 250/2 auch die arbeitsintensive Seitenwagenproduktion zu beenden und den Leipzigern andere Aufgaben zuzuweisen.

Modell:	MZ ES 250/2 mit Stoye »Super Elastic«-Beiwagen
Bauzeit:	1967 – 1973
Höchstgeschwindigkeit:	bis 1969 95 km/h, dann 100 km/h
Sitzplätze:	3
ben. Teile für Umbau:	Vorderschwinge, Hinterschwinge mit Schwingenachse, SW-Federn, Motorritzel, Anschlußkugeln, Tachoantrieb
Endübersetzung:	17 zu 45

Leergewicht:	235 kg
Gesamtgewicht:	500 kg
Spurweite:	102 cm
Reifen vorn:	3.00 – 16 oder 3.25 – 16
Reifen hinten:	3.50 – 16
Reifen seitlich:	3.50 – 16
Eintrag:*	ja
Preis:	4.280 DDR-Mark, 3.280 DM

*wahlweiser Eintrag solo oder Gespann im Kfz.-Brief

MZ TS 250/ TS 250/1 mit Super Elastic-SW

Der im Geländesport geborene Parallelrohrrahmen der TS 250 und TS 250/1 war zunächst nicht seitenwagentauglich. Erst durch ein Querrohr im Rahmen unter der Sitzbanknase war es möglich, den Anschluss-Satz zu montieren. Gespannbetrieb ist daher bei den TS 250 nur mit Rahmen ab der Nr. 3.590.802 möglich. Außerdem empfiehlt sich bei beiden TS 250-Versionen die Kombination der TS 250/1-Vordergabel mit 35 mm Standrohrdurchmesser und der Einbau eines 16 Zoll-Vorderrades, was für akzeptable Fahreigenschaften sorgt. Der Seitenwagen besaß eine geänderte Elektrik und andere Anschlussteile als die Vollschwingenmodelle der ES-Baureihen.

Modell:	MZ TS 250 bzw. TS 250/1
Bauzeit:	1976 – 1981
Höchstgeschwindigkeit:	100 km/h
Sitzplätze:	3
ben. Teile für Umbau:	Hinterschwinge mit Schwingenachse, SW-Federn, Motorritzel, Anschlußkugeln
Endübersetzung:	16 zu 45, TS 250/1 16 zu 47
Leergewicht:	220 kg
Gesamtgewicht:	500 kg
Spurweite:	105 cm
Reifen vorn:	3.00 – 16, TS 250/1 2.75 – 18
Reifen hinten:	3.50 – 16
Reifen seitlich:	3.50 – 16
Eintrag:*	ja
Preis:	3.980 DM

*wahlweiser Eintrag solo oder Gespann im Kfz.-Brief

MZ ETZ 250/ ETZ 251/301 mit Super Elastic-SW

Mit einigen Monaten Verzögerung nach dem Erscheinen der ETZ 250 wurde auch das optische Bild des Super-Elastic verändert: Der starre, geschwungene Kotflügel im Stromlinienlook der 50er wich einem mitfedernden Blechteil, das bei Schlaglöchern gern unter den Ellbogen des Seitenwagenpassagiers schlug. Die Änderung war eine Notoperation, da die alte Kotflügelpresse defekt war. Die Leuchten wanderten an die Bootsnase, das Rücklicht an einen separaten Halter. Die ETZ 251 war zwar noch ein wenig kräftiger als ETZ 250, eignete sich aber wegen ihrer labilen Schwinge und dem kurzen Radstand noch schlechter zum Gespannfahren.

Modell:	MZ ETZ 250 bzw. ETZ 251
Bauzeit:	1981 – 1991
Höchstgeschwindigkeit:	105 km/h
Sitzplätze:	3
ben. Teile für Umbau:	Hauptrahmen, Hinterschwinge mit Schwingenachse, SW-Federn, Motorritzel, Anschlußkugeln
Endübersetzung:	15 zu 48, ETZ 251 17 zu 48
Leergewicht:	240
Gesamtgewicht:	515 kg
Spurweite:	105 cm
Reifen vorn:	2.75 – 18 oder 3.00 – 18
Reifen hinten:	3.50 – 18, ETZ 3.25 – 16 Reinf.
Reifen seitlich:	3.50 – 16
Eintrag:*	nein
Preis:	4.780 DM

*wahlweiser Eintrag solo oder Gespann im Kfz.-Brief

MZ 500 R mit Velorex 562/700

Bevor das Werk wieder begann, komplette Gespanne anzubieten, machten sich MZ-Händler und Gespannbauer Gedanken, wie man auf Basis der MZ-Zwei- und Viertaktpalette funktionierende Lösungen im Gespannbereich anbieten könnte. Die meisten Umbauten kombinierten die MZ mit den tschechischen Velorex-Booten (Bild links); Theo Däschlein aus Bechhofen »verheiratete« einen indischen Globe-Seitenwagen mit der 500er »Fun« (Bild rechts), Volkmar Prietz von Mobec baute sogar Enduro-Seitenwagen für die rare Country. Hier wurden Velorex-Fahrgestelle mit einer Alukiste als Sitz und einer entsprechenden Rohrkonstruktion ausgerüstet.

Nachdem MZ als MuZ wiederauferstanden war, wurde häufig bei Händlern neue Modelle zu Gespannen umgebaut. Generell gehört zu einem Umbau ein anderer Rahmenunterzug, eine geänderte Übersetzung, ein härterer Federsatz und ein Lenkungsdämpfer. Da keine neuen MZ-Seitenwagen mehr erhältlich waren, wurden häufig Velorex 562 oder Velorex 700 verbaut. Beide basieren auf einem Rohrrahmen mit geschobener Schwinge und Seilzugbremse. Die Boote sind aus Kunststoff, wobei der 562 der offene Roadster ist, während der 700 an eine Segelflugzeugkanzel erinnert.

Modell:	MZ Fun und Tour (250, 300 und 500 ccm)
Bauzeit:	ab 1992
Höchstgeschwindigkeit:	100 bis 120 km/h, je nach Motor, Übersetzung und Seitenwagen
Sitzplätze:	3
ben. Teile für Umbau:	Hauptrahmen (bei 500 R nur Rahmenunterzug), Schwingenachse, SW-Federn, Motorritzel, Anschlußkugeln
Endübersetzung:	Unterschiedlich
Leergewicht:	unterschiedlich
Gesamtgewicht:	max. 500 kg
Spurweite:	?
Reifen vorn:	90/90 – 18 oder 3.50 – 16
Reifen hinten:	110/80 – 16 oder 125 SR 15
Reifen seitlich:	3.50 – 16
Eintrag:*	unterschiedlich
Preis:	je nach Händler u. Ausstattung

*wahlweiser Eintrag solo oder Gespann im Kfz.-Brief

Kanuni-MZ mit Velorex 562 SW

Nachdem MuZ das Interesse an der weiteren Fertigung der Zweitaktmodelle mit 250 und 300 ccm verloren hatte, übernahm der türkische Importeur Kuralkan die Fertigung der Kanuni-MZ. Wurden zunächst noch Zschopauer Ersatzteilbestände verbaut, fertigten die Türken schließlich immer mehr Teile in Eigenregie. Der deutsche Importeur von Kanuni, MZ-B in Berlin, bot ab 1995 die klassische ETZ 251/301 mit dem einfachen Velorex 562 Seitenwagen als billigstes Gespann in Deutschland an.

Modell:	Kanuni-MZ-B ETZ 251 und 301
Bauzeit:	ab 1992
Höchstgeschwindigkeit:	100 km/h, ETZ 301 110 km/h
Sitzplätze:	3
ben. Teile für Umbau:	Hauptrahmen, Schwingenachse, SW-Federn, Motorritzel, Anschlußkugeln
Endübersetzung:	?
Leergewicht:	220 kg
Gesamtgewicht:	450 kg
Spurweite:	112 cm
Reifen vorn:	2.75 – 18
Reifen hinten:	110/80 – 16
Reifen seitlich:	3.50 – 16
Eintrag:*	nein
Preis:	6.610 DM, ETZ 301 6.810 DM

*wahlweiser Eintrag solo oder Gespann im Kfz.-Brief

MZ Voyager-Gespann

Mit der Voyager präsentierte MuZ das erste eigene Gespann. Eine 500 Tour wurde mit dem Velorex 562 verbunden. Geändert wurden, wie üblich, der Rahmenunterzug und Details wie Übersetzung und Federn. Der wahlweise Betrieb ohne diese Umbauten (oder auch ohne Seitenwagen) war auch hier nicht gestattet, obwohl die Voyager komplett auf schräglagenfreundlicher Motorradbereifung lief. Am Seitenwagenrahmen war die Aufhängung des seilzuggebremsten Fußbremshebels geändert worden, um besser mit dem MZ-Bremshebel an der Maschine zu harmonieren. Einzige lieferbare Farbe war Schwarz.

Modell:	MZ Voyager
Bauzeit:	ab 1993
Höchstgeschwindigkeit:	120 km/h
Sitzplätze:	3
ben. Teile für Umbau:	nur als Komplettgespann ausgeliefert
Endübersetzung:	15 zu 38
Leergewicht:	110 cm
Gesamtgewicht:	240 kg
Spurweite:	500 kg
Reifen vorn:	90/90 – 18 oder 3.50 – 16
Reifen hinten:	110/80 – 16 oder 125 SR 15
Reifen seitlich:	3.50 – 16
Eintrag:*	nein
Preis:	13.921 DM

*wahlweiser Eintrag solo oder Gespann im Kfz.-Brief

MZ Silver Star-Gespann

Das beliebteste MZ Viertakt-Gespann war eindeutig die MuZ Silver Star (beziehungsweise »Red Star«/«Green Star«). Auch hier bildete der bewährte Velorex 562 mit geänderter Seilzugbremsanlage den Partner der Maschine. Von vornherein fand sich an den Maschinen die beliebte Bereifung 3.50 – 16 vorn und 125 SR 15 hinten, die einen tieferen Schwerpunkt und weniger Verschleiß als die 18 Zoll-Räder der Solomaschine bot. Dazu kamen Detailänderungen und ein Gabelstabilisator. Zum Solofahren musste sich der Kunde allerdings ein zweites Motorrad zulegen.

Modell:	MZ Silver Star-Gespann
Bauzeit:	ab 1993
Höchstgeschwindigkeit:	120 km/h
Sitzplätze:	3
ben. Teile für Umbau:	nur als Komplettgespann ausgeliefert
Endübersetzung:	15 zu 38
Leergewicht:	110 cm
Gesamtgewicht:	240 kg
Spurweite:	500 kg
Reifen vorn:	3.50 – 16
Reifen hinten:	125 SR 15
Reifen seitlich:	3.50 – 16
Eintrag:*	nein
Preis:	15.921 DM

*wahlweiser Eintrag solo oder Gespann im Kfz.-Brief

DIE WELT IST EINE KURVE.

JETZT NEU!
Verkürzen Sie die Zeit zwischen zwei Kurven. Lesen Sie alle 14 Tage das neue MOTORRAD – Europas größte Motorradzeitschrift – und spüren Sie beim Umblättern jetzt noch größere Fliehkräfte: mit Tests, an denen sich die Branche orientiert, mit weltexklusiven Fahrberichten und Fotos, die es im Bauch kribbeln lassen! Was sonst noch alles neu ist bei MOTORRAD, sehen Sie jetzt an Ihrem Kiosk. Vorausgesetzt Sie fahren gleich hin!